全国优秀教材一等奖　 "十三五"职业教育国家规划教材

 高职高专土建专业"互联网＋"创新规划教材

全新修订

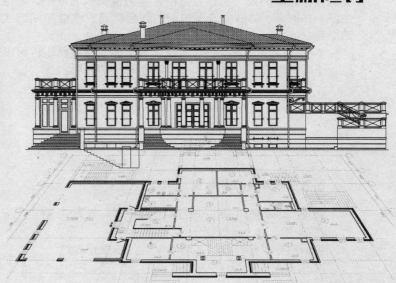

第三版

建筑工程制图与识图

(含综合实训施工图及识图练习)

主　编◎白丽红　闫小春
副主编◎张　彦
参　编◎王　辉　钱　军　贾彦丽
主　审◎吴承霞

北京大学出版社
PEKING UNIVERSITY PRESS

内 容 简 介

本书主要内容包括绪论，制图的基本知识与技能，投影的基本知识，点、直线、平面的投影，基本形体的投影，组合体的投影，轴测投影，剖面图与断面图，建筑工程图的一般知识，建筑施工图，结构施工图，另附工程图样一套，供实训使用。在编写时以高等职业院校土建类的人才培养方案和教学内容要求为依据，与企业技术人员共同围绕建筑企业生产一线需求，尝试多方面知识的融会贯通；注重知识层次的递进，同时加强理论与实践的结合。

本书可以作为高等职业学校建筑类的专业教材，也可以作为土建类企业职工的培训教材，还可供有关的工程技术人员参考或自学之用。

图书在版编目(CIP)数据

建筑工程制图与识图/白丽红，闫小春主编．—3版．—北京：北京大学出版社，2019.10
高职高专土建专业"互联网+"创新规划教材
ISBN 978-7-301-30618-5

Ⅰ.①建… Ⅱ.①白… ②闫… Ⅲ.①建筑制图—识别—高等职业教育—教材 Ⅳ.①TU204.21

中国版本图书馆 CIP 数据核字(2019)第 168619 号

书　　　名	建筑工程制图与识图(第三版)
	JIANZHU GONGCHENG ZHITU YU SHITU (DI-SAN BAN)
著作责任者	白丽红　闫小春　主编
策 划 编 辑	杨星璐
责 任 编 辑	赵思儒　刘健军
数 字 编 辑	贾新越　范超奕
标 准 书 号	ISBN 978-7-301-30618-5
出 版 发 行	北京大学出版社
地　　　址	北京市海淀区成府路205号　100871
网　　　址	http://www.pup.cn　新浪微博：@北京大学出版社
电 子 信 箱	pup_6@163.com
电　　　话	邮购部 010-62752015　发行部 010-62750672　编辑部 010-62750667
印 刷 者	三河市北燕印装有限公司
经 销 者	新华书店
	787毫米×1092毫米　16开本　17印张　399千字
	2009年7月第1版　2014年7月第2版　2019年10月第3版
	2021年12月修订　2022年8月第8次印刷（总第30次印刷）
定　　　价	42.00元　（含综合实训施工图及识图练习）

未经许可，不得以任何方式复制或抄袭本书之部分或全部内容。
版权所有，侵权必究
举报电话：010-62752024　电子信箱：fd@pup.pku.edu.cn
图书如有印装质量问题，请与出版部联系，电话：010-62756370

第三版 前言

本书是一门实践性很强的专业基础课程,其编写的目标是围绕建筑企业一线工作要求,着力提高学生的职业技能和技术服务能力,以适应企业的需求。为此,本书保持了第一版的体系和特点,以应用为目的,以"必需、够用"为原则,采用以任务为导向的编写方式,通过"特别提示"模块,使学生明确知识难点和疑点,清晰思路,培养解决问题的思维能力。为扩展学生的知识面,提升学生的自学能力,保持了第二版的更新内容——"学习重点"模块和"知识卡"模块。本书编者中有来自企业一线的工程技术人员,具有丰富的工作经验,使本书内容更贴近工程实际,更符合企业职业能力培养要求。本书在第二版的基础上,根据使用教师和学生的反馈意见,主要做了如下修订。

(1)编者结合多年的教学经验,对第3章、第4章、第6章的章节内容进行了重大调整,增加了一些例题和做题方法,在内容上更精简、更易懂,使教学更方便,更适于学生自学。

(2)第二版中的《房屋建筑制图统一标准》(GB/T 50001—2010)更新为《房屋建筑制图统一标准》(GB/T 50001—2017)。

(3)例题的选择采用建筑形体,更贴近工程实际,提高了学生的学习兴趣。

(4)为了方便课程的实训和学生自学,针对附录施工图增加了练习题,方便教师教学、学生自学,提高学生识读施工图的能力。

本课程建议学时为76学时,通过理论教学和实践练习,使学生具备识读、绘制工程图的基本能力。各章建议学时分配见下表。

章节	课程内容	理论教学	实践练习	现场教学	小计
第0章	绪论	0.5			0.5
第1章	制图的基本知识与技能	5.5	2		7.5
第2章	投影的基本知识	2			2
第3章	点、直线、平面的投影	6	2		8
第4章	基本形体的投影	4	2		6
第5章	组合体的投影	4	4		8
第6章	轴测投影	2	2		4
第7章	剖面图与断面图	4	2		6
第8章	建筑工程图的一般知识	4			4
第9章	建筑施工图	8	6	2	16
第10章	结构施工图	6	6	2	14
	合计	46	26	4	76

二维码资源目录

建筑工程制图与识图(第三版)

针对《建筑工程制图与识图》教材的特点,为了使学生能更加直观地认识和了解投影原理及制图识图规则,也方便教师讲解,作者以"互联网＋教材"的模式开发了本书配套的 APP 客户端,读者通过扫描封二中所附的二维码进行下载。APP 客户端通过虚拟现实的手段,采用全息识别技术,应用 3ds Max 和 Sketch Up 等多种工具,将书中的案例模块及结构细节转化成可 360°旋转、无限放大和缩小的三维模型。读者打开 APP 客户端之后,将摄像头对准切口带有色块的页面,即可多角度、任意大小、交互式查看三维模型。具体下载操作和使用说明请于本书封二和封三中查看。除虚拟现实的三维模型外,在本书相关知识点旁边,还以二维码的形式添加了作者整理的图文、规范、案例等资源,学生可以在课堂内外通过扫描二维码来阅读更多的学习资源,节约了读者收集、整理的时间。作者也会根据行业发展情况,不定期更新二维码链接资源,以便使教材内容与行业发展结合更为紧密。

本书由白丽红、闫小春任主编,张彦任副主编,全书由河南建筑职业技术学院吴承霞主审。本书具体编写分工如下:河南建筑职业技术学院白丽红编写第 0 章、第 2 章、第 8 章,河南建筑职业技术学院张彦编写第 3 章、第 4 章,河南建筑职业技术学院闫小春编写第 1 章、第 6 章、第 7 章、第 10 章,泰州职业技术学院钱军编写第 5 章,机械工业第六设计研究院有限公司王辉编写第 9 章,教材部分插图由河南交通职业技术学院贾彦丽绘制。

本书第一版由白丽红担任主编,钱军、徐菊芬担任副主编,闫小春、王辉、李丽、徐洪奎参编。在此,对参与本书第一版编写的各位同人表示由衷的感谢和敬意!

本书第二版由白丽红担任主编,闫小春担任副主编,李奎参与教材的修订和改版工作,教材部分插图由陈相宜绘制。在此,对参与本书第二版修订的同人表示由衷的感谢和敬意!

由于编者水平所限,教材中难免有疏漏和不妥之处,诚望读者提出批评和改进意见。(读者意见反馈信箱:821387476@qq.com)

编 者
2019 年 8 月

本书课程思政元素

　　本书课程思政元素从"格物、致知、诚意、正心、修身、齐家、治国、平天下"中国传统文化角度着眼，再结合社会主义核心价值观"富强、民主、文明、和谐、自由、平等、公正、法治、爱国、敬业、诚信、友善"，设计出课程思政的主题。然后紧紧围绕"价值塑造、能力培养、知识传授"三位一体的课程建设目标，在课程内容中寻找相关的落脚点，通过案例、知识点等教学素材的设计运用，以润物细无声的方式将正确的价值追求有效地传递给读者。

　　本书的课程思政元素设计以"习近平新时代中国特色社会主义思想"为指导，运用可以培养大学生理想信念、价值取向、政治信仰、社会责任的题材与内容，全面提高大学生缘事析理、明辨是非的能力，把学生培养成为德才兼备、全面发展的人才。

　　每个思政元素的教学活动过程都包括内容导引、展开研讨、总结分析等环节。在课程思政教学过程，老师和学生共同参与其中，在课堂教学中教师可结合下表中的内容导引，针对相关的知识点或案例，引导学生进行思考或展开研讨。

页码	内容导引	展开研讨	思政落脚点
003	知识卡	你知道中国最早建筑图样产生于哪个朝代吗？	文化自信 民族自豪感
005	引言	一个建筑工程项目，从制定计划到最终完成，经过哪些过程？ 建筑工程图纸的绘制是非常的一个重要环节，你知道有哪些必须执行的制图标准？	科学精神 专业能力
036	知识卡	中国工程图学学会创始人是谁？ 在图学方面提出了什么理论？ 从他的经历中对你有什么启发？	责任与使命 创新精神 工匠精神
093	挡土墙	观察挡土墙的真实图片，讨论挡土墙都有哪些砌筑方式？以及不同砌筑方式展现的建筑之美。	爱祖国 民族精神 行业发展
137	图7.10 牛腿柱	牛腿柱在古建筑中的学名叫什么？ 你知道哪些古建筑中应用了牛腿柱？	工匠精神 民族瑰宝 文化传承
145	特别提示	建筑物（房屋）的由哪几部分组成？ 讨论一下人体组成与建筑物组成之间的联系。	科学精神 辩证思想 创新精神
163	特别提示	什么是建筑"红线"？ 超过建筑"红线"会怎样？	法律意识 社会责任
活页	综合实训 施工图	对实训施工图题目进行分析。	专业能力 实战能力 责任与使命

注：教师版课程思政设计内容可联系出版社索取。

目 录

第 0 章　绪 论 ········· 001
0.1　本课程的学习目的和学习任务 ········· 002
0.2　学习方法、要求及注意的问题 ········· 002
本章回顾 ········· 003
想一想 ········· 003

第 1 章　制图的基本知识与技能 ········· 004
1.1　制图标准 ········· 005
1.2　制图工具和用品 ········· 024
1.3　工程图绘制方法 ········· 029
本章回顾 ········· 031
想一想 ········· 031

第 2 章　投影的基本知识 ········· 033
2.1　投影及其特性 ········· 034
2.2　工程图上常用的投影图 ········· 036
2.3　正投影图 ········· 037
本章回顾 ········· 042
想一想 ········· 042

第 3 章　点、直线、平面的投影 ········· 044
3.1　点的投影 ········· 045
3.2　直线的投影 ········· 051
3.3　平面的投影 ········· 056
本章回顾 ········· 062
想一想 ········· 062

第 4 章　基本形体的投影 ········· 063
4.1　基本形体的投影图 ········· 064
4.2　基本形体尺寸标注 ········· 079
本章回顾 ········· 081
想一想 ········· 081

第 5 章　组合体的投影 ········· 082
5.1　画组合体投影图 ········· 083

5.2　读组合体投影图 …… 094
5.3　同坡屋顶的投影 …… 104
本章回顾 …… 106
想一想 …… 106

第 6 章　轴测投影 …… 107
6.1　概述 …… 108
6.2　正等轴测图的画法 …… 111
6.3　斜二轴测图的画法 …… 120
本章回顾 …… 125
想一想 …… 125

第 7 章　剖面图与断面图 …… 126
7.1　剖面图 …… 127
7.2　断面图 …… 136
7.3　简化画法 …… 140
本章回顾 …… 141
想一想 …… 142

第 8 章　建筑工程图的一般知识 …… 143
8.1　一般民用建筑的组成及作用 …… 144
8.2　建筑工程施工图的分类和编排顺序 …… 146
8.3　建筑工程施工图的图示特点及识读方法 …… 146
8.4　建筑工程施工图中常用的符号 …… 147
本章回顾 …… 155
想一想 …… 155

第 9 章　建筑施工图 …… 156
9.1　首页图和总平面图 …… 157
9.2　建筑平面图 …… 166
9.3　建筑立面图 …… 182
9.4　建筑剖面图 …… 185
9.5　建筑详图 …… 187
本章回顾 …… 193
想一想 …… 193

第 10 章　结构施工图 …… 195
10.1　结构施工图概述 …… 196
10.2　基础结构平面图 …… 204
10.3　楼层、屋面结构平面图 …… 210
本章回顾 …… 219
想一想 …… 220

参考文献 …… 221

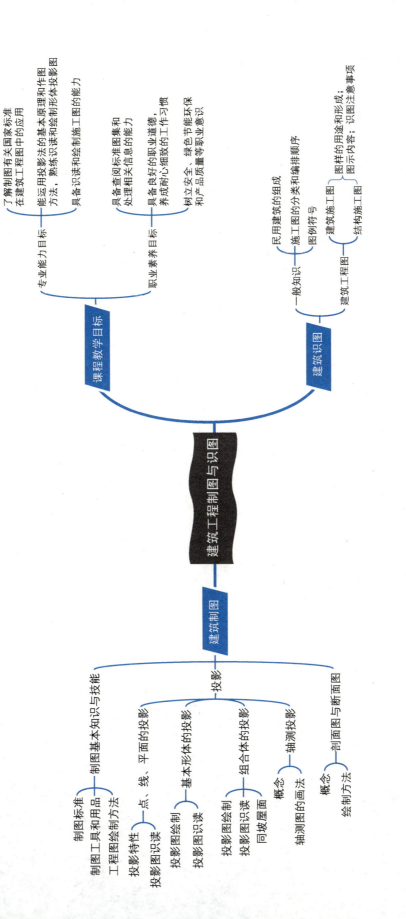

第0章 绪 论

思维导图

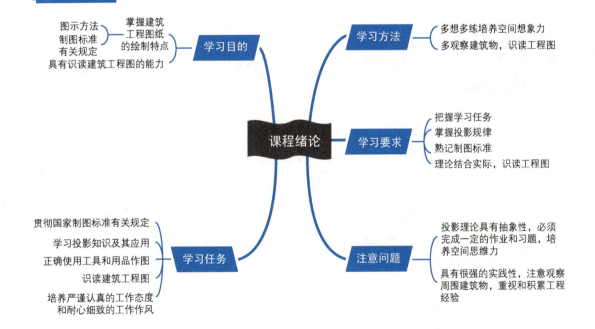

建筑工程制图与识图(第三版)

人们在生活中所见到的高楼大厦，工业生产使用的多样厂房，都是随着社会经济发展而兴建起来的。在施工建造这些建筑物时，事先都要有从事设计工作的工程技术人员进行设计，通过设计形成一套建筑工程图纸。随着科学技术的发展，采用电子计算机绘图技术之后，图纸则由黑色线条在白纸上绘制而成。

在这些工程图纸上，运用各种线条绘成各种形状的图，建筑施工时就根据这些图纸上所定的尺寸和所用的建筑材料，制作各类不同的构件，按照一定的构造原理组建成房屋。

概括地说，建筑工程图是用投影的方法来表达工程物体的形状和大小，并按照国家工程建设标准有关规定绘制的图纸。它能准确地表达出房屋的建筑、结构和设备等设计的内容和技术要求。

建筑工程图是房屋施工时的主要依据，施工人员必须按图施工，不得任意变更图纸或无规则施工。因此作为建筑施工人员（包括施工技术人员和技术工人）必须能看懂图纸，并记住图纸的内容和要求，这是搞好施工必须具备的先决条件。

0.1 本课程的学习目的和学习任务

1. 本课程的学习目的

学习本课程的目的就是要通过学习了解并掌握建筑工程图纸的各种图示方法和制图标准的有关规定，掌握建筑工程图的内容，达到具有识读建筑工程图的基本能力。

2. 本课程的学习任务

根据本课程的目的，学习任务如下。
（1）学习和贯彻国家制图标准的有关规定。
（2）学习投影的基本知识及其应用。
（3）能正确使用制图工具和仪器作图。
（4）学习建筑工程图的图示方法、图示内容与识读方法。
（5）培养空间想象能力。
（6）培养严谨认真的工作态度和耐心细致、一丝不苟的工作作风。

0.2 学习方法、要求及注意的问题

1. 学习方法和要求

（1）把握学习任务。每个任务都有"学习目标"，要把握重点内容，做到心中有数。
（2）在学习投影阶段，要充分发挥空间想象力，搞清楚投影图与实物的对应关系，掌

握投影图形的投影规律，能根据投影图想象出空间形体的形状和组合关系。

（3）学习制图标准时，有的内容必须记住，如线型的名称和用途、各种图例、剖切符号、详图索引符号等，这是识读建筑工程图必备的知识。

（4）识读建筑工程图纸时，要多观察实际房屋的组成和构造，有条件最好到现场参观正在施工的建筑，便于在读图时加深对房屋建筑工程图图示方法和图示内容的理解和掌握。

（5）本课程只是为学生制图、识图能力的培养奠定初步基础，要结合后续专业课的学习和工程实践，才能真正地读懂建筑工程图。

2. 学习本课程注意的问题

本课程基础理论（投影知识）比较抽象，对初学者是全新的概念，不易接受，所以必须保证完成一定数量的作业和习题才能掌握，另外，还要将投影理论的学习和培养空间概念结合起来，逐步培养空间想象能力。

本课程还具有实践性强的特点，学习专业识图这部分内容，要经常到施工现场进行参观，平时注意观察周围的建筑物，重视和积累工程经验。

 知识卡

我国隋代已使用百分之一比例尺的图纸和模型进行建筑设计。宋代《营造法式》一书中绘有精致的建筑平面图、立面图、轴测图和透视图，可以说是我国最早的建筑制图著作。1799年，法国数学家 G. 蒙日出版《画法几何》一书，奠定了工程制图的理论基础。后人又著有《建筑阴影学》和《建筑透视学》等。上述三本著作确定了现今建筑工程制图的理论基础。

本章回顾

（1）建筑工程从设计到施工都是以工程图纸为依据的。工程图纸又是工程界表达和交流技术思想的语言，从事建筑的技术人员应当掌握这门语言。

（2）本课程的目的就是培养学生熟悉建筑工程图的图示方法和图示内容，最终达到具有识读建筑工程图的能力。

（3）本课程所开设的内容是一个有机的整体，必须全面学好，这对学好本课程是很重要的。

想一想

1. 什么是建筑工程图？
2. 建筑工程图在建筑工程中的作用是什么？
3. 学习本课程的目的是什么？
4. 学习本课程的方法和要求是什么？

第 1 章 制图的基本知识与技能

思维导图

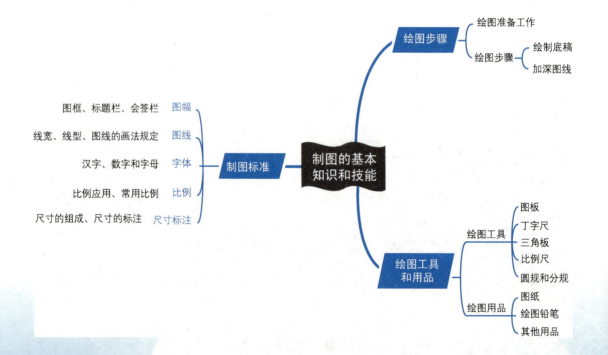

第1章 制图的基本知识与技能

引言

一个建筑工程项目,从制订计划到最终建成,必须经过一系列的过程,建筑工程图纸的绘制是其中的一个重要环节。为了使房屋建筑图纸基本统一,清晰简明,保证图面质量,提高绘图效率和符合设计、施工、存档等要求,图纸的绘制必须遵守统一的规范,即国家标准,简称国标,用 GB 或 GB/T 表示。我国住房和城乡建设部会同有关部门对《房屋建筑制图统一标准》(GB/T 50001—2017)等 6 项标准进行修订,经有关部门会审,批准《房屋建筑制图统一标准》(GB/T 50001—2017)、《总图制图标准》(GB/T 50103—2010)、《建筑制图标准》(GB/T 50104—2010)、《建筑结构制图标准》(GB/T 50105—2010)、《建筑给水排水制图标准》(GB/T 50106—2010)和《暖通空调制图标准》(GB/T 50114—2010)为国家标准,部分标准如图 1.1 所示。

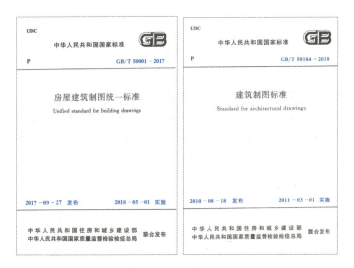

《房屋建筑制图统一标准》

图 1.1 建筑制图相关国家标准

1.1 制图标准

建筑工程图是建筑工程设计的重要技术资料,是施工的依据。为了使建筑工程图的绘制有章可循,图纸表达清晰,能满足工程设计、施工的要求,并且便于工程人员交流,必须对工程图的图幅大小、图线、字体、比例及标注等方面有统一的规定,这种规定就称作制图标准。

标准的制定,一般都是由国家指定专责机关负责组织进行的,所以称为国家标准,代号 GB。为了区别不同技术标准,需要在后面加若干字母和数字等。有关建筑制图方面的现行标准共有 6 种,即《房屋建筑制图统一标准》(GB/T 50001—2017)、《总图制图标准》(GB/T 50103—2010)、《建筑制图标准》(GB/T 50104—2010)、《建筑结构制图标准》(GB/T 50105—2010)、《建筑给水排水制图标准》(GB/T 50106—2010)、《暖通空调制图标准》(GB/T 50114—2010)。本章内容就是在这些标准的基础上进行编写的。

GB/T 50001—2017 的含义是:"GB"是"国标"两字的汉语拼音缩写,代号"T"表示推荐性标准,"50001"为标准的顺序号,"2017"为制定或修订标准的年份。

1.1.1 图幅

1. 图纸幅面

图幅即图纸幅面,指图纸本身的大小规格。为了便于图纸的装订、管理和保存,图纸的大小规格应整齐统一。建筑工程图纸的幅面及图框尺寸应符合表 1-1 的规定。

表 1-1 幅面及图框尺寸　　　　　　　　　　　　　　　　　　　　　　单位:mm

尺寸代号	幅面				
	A0	A1	A2	A3	A4
$b \times l$	841×1189	594×841	420×594	297×420	210×297
c	10			5	
a	25				

表 1-1 中,b 代表幅面短边尺寸,l 代表幅面长边尺寸,c 为图框线与幅面线之间的宽度,a 为图框线与装订边之间的宽度,单位为 mm。A0 号图幅的幅面面积为 1 m^2,对折后变成 A1 号图幅,A1 号图幅对折后变成 A2 号图幅,以此类推,上一号图幅的短边,即是下一号图幅的长边,并且图幅长、短边的比例关系为 $\sqrt{2}:1$。

图幅尺寸与图框线尺寸之间的关系,如图 1.2 所示。图幅分横式和立式两种。图纸以短边作为垂直边称为横式,以短边作为水平边称为立式。A0~A3 图纸宜横式使用,必要时也可立式使用。

需要微缩复制的图纸,其一个边上应附有一段准确米制尺度,四个边上均附有对中标志,米制尺度的总长应为 100 mm,分格应为 10 mm。对中标志应画在图纸各边长的中点处,线宽应为 0.35 mm,应伸入内框边,在框外为 5 mm。对中标志的线段,于 l_1 和 b_1 范围取中。

在特殊情况下,允许 A0~A3 号图幅按表 1-2 的规定加长图纸的长边,但图纸的短边不应加长。

表1-2　图纸长边及加长后尺寸　　　　　　　　　　　　　单位：mm

幅面代号	长边尺寸	长边加长后的尺寸			
A0	1189	1486（A0+1/4l） 2080（A0+3/4l）	1783（A0+1/2l） 2378（A0+l）		
A1	841	1051（A1+1/4l） 1892（A1+5/4l）	1261（A1+1/2l） 2102（A1+3/2l）	1471（A1+3/4l）	1682（A1+l）
A2	594	743（A2+1/4l） 1338（A2+5/4l） 1932（A2+9/4l）	891（A2+1/2l） 1486（A2+3/2l） 2080（A2+5/2l）	1041（A2+3/4l） 1635（A2+7/4l）	1189（A2+l） 1783（A2+2l）
A3	420	630（A3+1/2l） 1471（A3+5/2l）	841（A3+l） 1682（A3+3l）	1051（A3+3/2l） 1892（A3+7/2l）	1261（A3+2l）

注：有特殊需要的图纸，可以用 $b×l$ 为 841 mm×891 mm 与 1189 mm×1261 mm 的幅面。

特别提示

（1）同一项工程的图纸应整齐统一，选用图幅时宜以一种规格为主，尽量避免大小图幅掺杂使用，一般不宜多于两种幅面，目录及表格所采用的 A4 幅面，可不在此限。为便于携带，施工图常采用 A2 图幅。

（2）为了使图纸复制和缩微摄影时定位方便，在图纸各边长的中点处分别画出对中标志，对中标志用粗实线绘制，如图 1.2 所示。

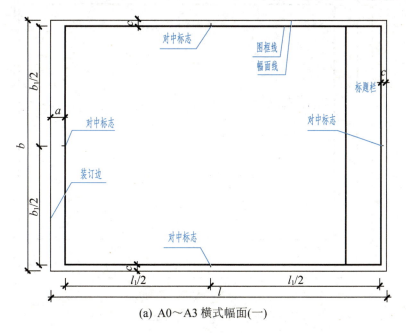

(a) A0～A3 横式幅面(一)

图1.2　图幅格式

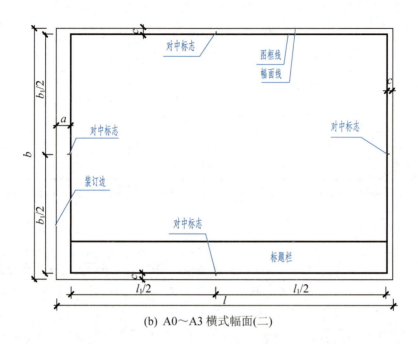

(b) A0～A3 横式幅面(二)

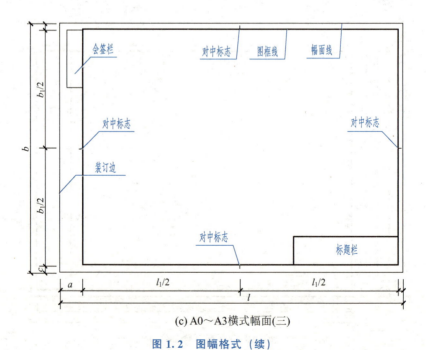

(c) A0～A3 横式幅面(三)

图 1.2 图幅格式（续）

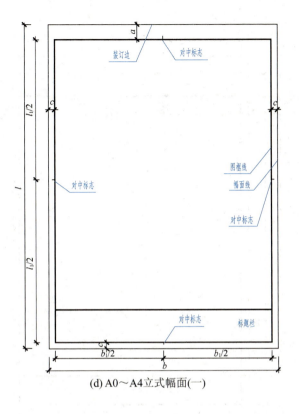

(d) A0～A4立式幅面(一)

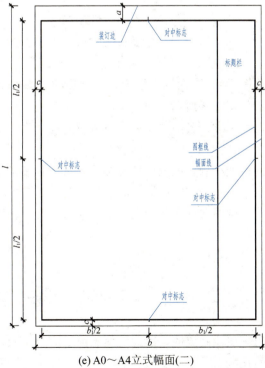

(e) A0～A4立式幅面(二)

图1.2 图幅格式（续）

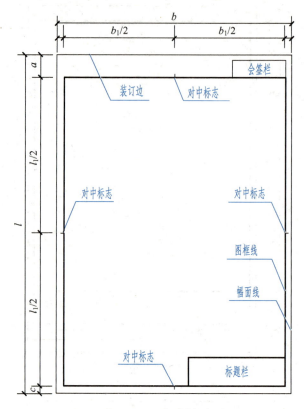

(f) A0～A2立式幅面(三)

图 1.2　图幅格式（续）

2. 标题栏与会签栏

图纸的标题栏（简称图标）、图框线、幅面线、会签栏及装订边线的位置应按图 1.2 布置，图标的大小及格式如图 1.3 所示，单位均为 mm。

涉外工程的标题栏内，中方的各项主要内容下方应附有译文，设计单位的上方或左方应加"中华人民共和国"字样。

会签栏应按图 1.4 的格式绘制，栏内应填写会签人员所代表的专业、实名、签名、日期（年、月、日）；一个会签栏不够用时可另加一个，两个会签栏应并列；不需会签的图纸可不设此栏。当在计算机制图文件中使用电子签名与认证时，应符合国家有关电子签名法的规定。

学生制图作业推荐标题栏格式，如图 1.5 所示。

1.1.2　图线

任何建筑图纸都是用图线绘制成的，因此，熟悉图线的类型及用途，掌握各类图线的画法是建筑制图最基本的技能。

为了表示不同内容，并且能分清主次，建筑图纸必须使用不同线型和不同粗细的图线。常用的有实线、虚线、单点长画线、双点长画线、折断线和波浪线 6 类，其中前 2 类

第1章 制图的基本知识与技能

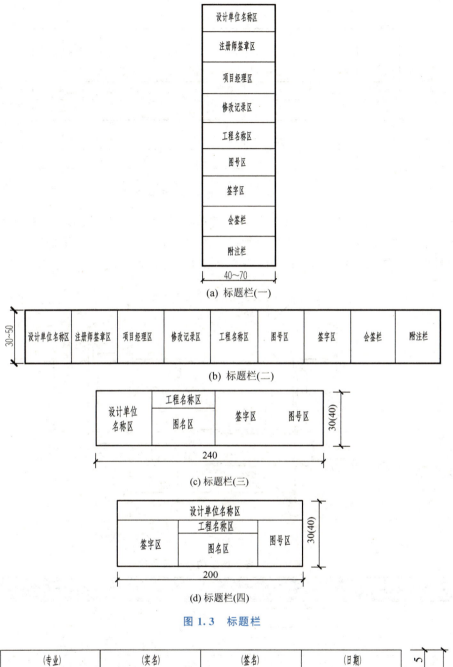

图 1.3　标题栏

图 1.4　会签栏

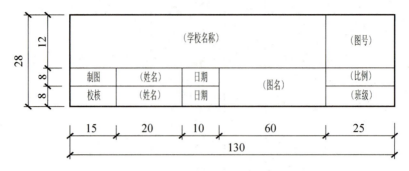

图1.5 学生制图作业推荐标题栏格式

线型按宽度不同分为粗、中粗、中、细4种；单点长画线、双点长画线按宽度不同分为粗、中、细3种；后两类线型一般均为细线。图1.6所示为一幅建筑平面图（局部），从中可以看出各类图线及其应用。各类图线的规格及用途见表1-3。

建筑图纸中各类图线

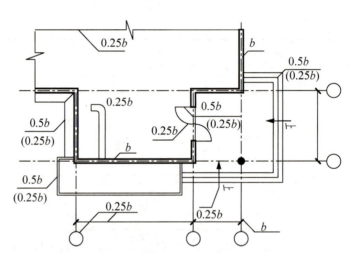

图1.6 建筑平面图中各类图线及其应用

表1-3 各类图线的规格及用途

名称		线型	线宽	一般用途
实线	粗		b	主要可见轮廓线
	中粗		$0.7b$	可见轮廓线、变更云线
	中		$0.5b$	可见轮廓线、尺寸线
	细		$0.25b$	图例填充线、家具线
虚线	粗		b	见各有关专业制图标准
	中粗		$0.7b$	不可见轮廓线
	中		$0.5b$	不可见轮廓线、图例线
	细		$0.25b$	图例填充线、家具线
单点长画线	粗		b	见各有关专业制图标准
	中		$0.5b$	见各有关专业制图标准
	细		$0.25b$	中心线、对称线、轴线等

续表

名　　称		线　　型	线宽	一般用途
双点 长画线	粗		b	见各有关专业制图标准
	中		$0.5b$	见各有关专业制图标准
	细		$0.25b$	假想轮廓线、成型前原始轮廓线
折断线	细		$0.25b$	断开界线
波浪线	细		$0.25b$	断开界线

图线的宽度 b，宜从下列线宽系列中选取：0.5 mm、0.7 mm、1.0 mm、1.4 mm。每个图纸，应根据复杂程度与比例大小的不同，先确定基本线宽 b，再按表1-4确定适当的线宽组，一般情况下大图选大值，小图选小值。

表1-4　线宽组　　　　　　　　　　　　　　　　　　　　　单位：mm

线宽比	线宽组			
b	1.4	1.0	0.7	0.5
$0.7b$	1.0	0.7	0.5	0.35
$0.5b$	0.7	0.5	0.35	0.25
$0.25b$	0.35	0.25	0.18	0.13

注：(1) 需要微缩的图纸，不宜采用0.18 mm及更细的线宽。
　　(2) 同一张图纸内，各不同线宽中的细线，可统一采用较细的线宽组的细线。

在同一张图纸中，相同比例的各图样应选用相同的线宽组。当图样较小，用单点长画线和双点长画线绘图有困难时，可用实线代替。

图纸的图框线和标题栏线，可采用表1-5所示的线宽。

表1-5　图框线、标题栏线的宽度　　　　　　　　　　　　　单位：mm

幅面代号	图框线	标题栏外框线对中标志	标题栏分格线、幅面线
A0、A1	b	$0.5b$	$0.25b$
A2、A3、A4	b	$0.7b$	$0.35b$

此外，在绘制图线时还应注意以下几点。

(1) 单点长画线和双点长画线的首末两端应是线段，而不是点。单点长画线（双点长画线）与单点长画线（双点长画线）交接或单点长画线（双点长画线）与其他图线交接时，应是线段交接，如图1.7（a）所示。

(2) 虚线与虚线交接或虚线与其他图线交接时，都应是线段交接。虚线为实线的延长线时，不得与实线连接，如图1.7（b）、(c)、(d) 所示。

(3) 虚线、单点长画线或双点长画线的线段长度和间隔，宜各自相等。

(4) 相互平行的图例线，其净间隙或线中间隙不宜小于0.2 mm。

(5) 图线不得与文字、数字、符号重叠或混淆，不可避免时，应首先保证文字等的清晰。

(6) 折断线和波浪线都需徒手画出。折断线应通过被折断图形的全部，其两端各画出2～3 mm。

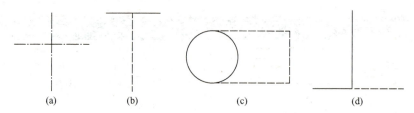

图 1.7　图线画法举例

1.1.3　字体

字体指的是图中汉字、字母、数字的书写形式,用来说明物体的大小及施工的技术要求等内容,要求字体端正、笔画清晰、间隔均匀、排列整齐,标点符号应清楚正确。如果书写潦草,难于辨认,不仅影响图样的清晰和美观,还容易发生误解,甚至招致施工的差错和麻烦,因此,制图标准对字体的规格和要求做了同样的规定。

1. 汉字

图样及说明中的汉字宜优先采用 True type 字体中的宋体字型,采用矢量字体时,应为长仿宋体字型。大标题、图册封面、地形图等的汉字,也可以写成其他字体,但应易于辨认,并采用国家正式公布推行的《汉字简化方案》中规定的简化字。

长仿宋体书写时,应注意横平竖直、起落分明、布局匀称、高宽足格,此外还要按照字体结构的特点和写法,根据汉字部首笔画的左右结构、上下结构、里外结构等形式,适当分配好字体的各组成部分的比例和位置。

长仿宋体字号、字度、字宽应按表 1-6 的规定选取,其中字号就是长仿宋体字的字高,其宽高比宜为 0.7,字号之间的公比为 $1:\sqrt{2}$。

表 1-6　长仿宋体字号、字高、字宽的基本规定及其使用范围

字　号	20	14	10	7	5	3.5
字高/mm	20	14	10	7	5	3.5
字宽/mm	14	10	7	5	3.5	2.5
使用范围	大标题或封面标题		各种图的标题	(1) 表格的名称 (2) 详图及附注的标题	(1) 详图的数字标题 (2) 标题的比例数字 (3) 剖面代号 (4) 图标中部分文字 (5) 一般文字说明	

为了使字行清楚,行距应大于字距。通常字距约为字高的 1/4,行距约为字高的 1/2。图纸中常用 10、7、5 号三类字号,如图 1.8 所示。如需书写更大的字,其高度应按 $\sqrt{2}$ 的比值递增。汉字的字高应不小于 3.5 mm。在同一张图纸上,只允许选用一种类型的字体。

10 号

建筑平面图立面图剖面图详图

7 号

规划设计结构施工设备水电暖风走廊

5 号

阳台门散水基础底层过道盥洗楼梯层截道桥梁踢脚

3.5 号

卧室厨房厕所储藏浴室房屋绿化树壁橱墙沟窗格标准镇郊区域编号

图 1.8　长仿宋体文字示例

2. 数字和字母

图样及说明中的字母、数字，宜优先选用 True type 字体中的 Roman 字型，如图 1.9 所示，其书写规则如表 1-7 所示。

表 1-7　字母及数字的书写规则

书写格式	字　体	窄字体
大写字母高度	h	h
小写字母高度（上下均无延伸）	$7/10h$	$10/14h$
小写字母伸出的头部或尾部	$3/10h$	$4/14h$
笔画宽度	$1/10h$	$1/14h$
字母间距	$2/10h$	$2/14h$
上下行基准线的最小间距	$15/10h$	$21/14h$
词间距	$6/10h$	$6/14h$

1234567890
ABCDEFGHIJKLMNOPQRSTUVWXYZ
abcdefghijklmnopqrstuvwxyz
I II III IV V VI VII VIII IX X

图 1.9　数字、字母示例

当字母及数字需写成斜体字时，其斜度应是从字的底线逆时针向上旋转 75°。斜体字的高度和宽度应与相应的直体字相等。字母与数字的字高应不小于 2.5 mm。数量的数值注写，应采用正体阿拉伯数字。各种计量单位凡前面有量值的，均应采用国家颁布的单位符号注写。单位符号应采用正体字母。

特别提示

(1) 当字母单独用作代号或符号时，不要使用 I、O、Z 这 3 个字母，以免和阿拉伯数字的 1、0、2 相混淆。

(2) 分数、百分数和比例数的注写，应采用阿拉伯数字和数学符号，例如：二分之一、百分之一和一比二十，应分别写成 1/2、1%、1∶20。当注写的数字小于 1 时，应写出个位的"0"，小数点应采用圆点，齐基准线书写。

1.1.4 比例

在建筑工程图中，常常把建筑物的实际尺寸缩小绘制在建筑图纸上，有时需要把比较小的构件放大绘制在图纸上，所以图形与实物相对应的线性尺寸之比，称为比例，符号为"∶"。比例应以阿拉伯数字表示，如 1∶1、1∶2、1∶100 等。

图纸的比例分为原值比例、放大比例、缩小比例 3 种，如 1∶1 为原值比例，2∶1 为放大比例，1∶100 为缩小比例。比例的大小是指其比值的大小，如 1∶50 大于 1∶100。

比例宜注写在图名的右侧，字的基准线应取平；比例的字高宜比图名的字高小一号或二号，图名下画一条粗实线，长度以文字长短为准，如图 1.10 所示。

平面图 1∶100

图 1.10 比例的注写

当一张图纸中的各图只用一种比例时，也可把该比例统一写在图纸的标题栏内。

绘图所用的比例应根据图纸的用途与被绘对象的复杂程度，从表 1-8 中选用，并应优先选用表中常用比例。

表 1-8 绘图所用的比例

常用比例	1∶1、1∶2、1∶5、1∶10、1∶20、1∶30、1∶50、1∶100、1∶150、1∶200、1∶500、1∶1000、1∶2000
可用比例	1∶3、1∶4、1∶6、1∶15、1∶25、1∶40、1∶60、1∶80、1∶250、1∶300、1∶400、1∶600、1∶5000、1∶10000、1∶20000、1∶50000、1∶100000、1∶200000

一般情况下，一个图样应选用一种比例。根据专业制图需要，同一图样可选用两种比例。

特殊情况下也可自选比例，这时除应注出绘图比例外，还应在适当位置绘制出相应的比例尺。

特别提示

在施工图中,图样是按比例绘制的,但标注的是实际尺寸,必须按标注的尺寸进行施工,不能用尺子量图,如图 1.11 所示。

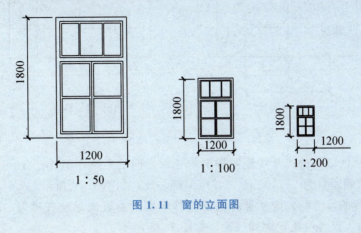

图 1.11 窗的立面图

1.1.5 尺寸标注

建筑工程图中除了用线条表示建筑物的外形、构造外,还要有尺寸标注数字来准确、清楚地表达建筑物的实际尺寸,以此作为施工的依据。

图样上的尺寸,应包括尺寸界线、尺寸线、尺寸起止符号和尺寸数字,如图 1.12 所示。

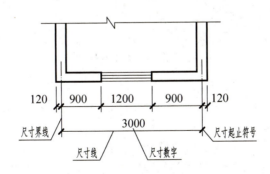

图 1.12 尺寸标注的基本形式

1. 尺寸标注的一般原则

图样上的尺寸标注应整齐、统一,数字清晰、端正。

(1) 尺寸线

① 尺寸线应用细实线绘制,应与被注长度平行,两端宜以尺寸界线为边界,也可超出尺寸界线 2~3 mm。

② 图样本身的任何图线均不得用作尺寸线，如图 1.13 所示。

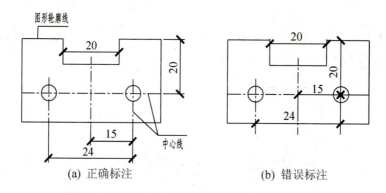

图 1.13　尺寸标注示例

③ 图样轮廓线以外的尺寸线距图样最外轮廓之间的距离不宜小于 10 mm。平行排列的尺寸线之间的间距宜为 7～10 mm，并应保持一致，如图 1.14 所示。

④ 相互平行的尺寸线，应从被标注的图样轮廓线由近向远整齐排列，较小尺寸应离轮廓线较近，较大尺寸应离轮廓线较远，如图 1.14 所示。

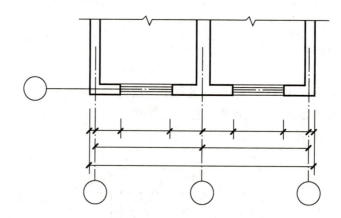

图 1.14　尺寸排列

(2) 尺寸界线

① 尺寸界线一般用细实线绘制，应与被注长度垂直，其一端离开图样轮廓线不小于 2 mm，另一端宜超出尺寸线 2～3 mm。

② 图样的轮廓线、轴线或中心线可用作尺寸界线。

③ 尺寸界线不宜与需要标注尺寸的轮廓线相接，应留出不小于 2 mm 的间隙。当连续标注时，中间的尺寸界线可稍短，但其长度应相等，如图 1.14 所示。

(3) 尺寸起止符号

① 尺寸线与尺寸界线相交处为尺寸起止点。在尺寸起止点上应画上尺寸起止符号，一般用中粗斜短线绘制，其倾斜方向应与尺寸界线成顺时针 45°角，长度宜为 2～3 mm。

② 半径、直径、角度和弧长的尺寸起止符号，宜用箭头表示，箭头的画法如图 1.15 所示，箭头宽度 b 不宜小于 1 mm。同一张图纸上的尺寸起止符号长短、线宽应相等。

(4) 尺寸数字

① 建筑图样上的尺寸数字是建筑施工的主要依据，建筑物各部分的真实大小应以图样上所标注的尺寸数字为准，不得从图上直接量取。

② 图样上的尺寸单位，除标高及总平面图以米为单位外，其他必须以毫米为单位，图中不需标注计量单位。

③ 尺寸数字的方向，应按图 1.16（a）规定的方向标注，尽量避免在图中所示的 30°范围内标注尺寸，当实在无法避免时，宜按图 1.16（b）的形式标注。

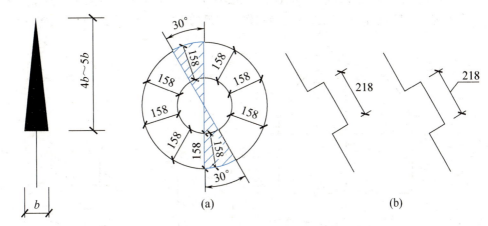

图 1.15　箭头的画法　　　　　图 1.16　尺寸数字的标注方向

④ 尺寸数字应依据其方向注写在靠近尺寸线的上方中部。如没有足够的注写位置，最外边的尺寸数字可注写在尺寸界线的外侧，中间相邻的尺寸数字可上下错开注写，可用引出线表示标注尺寸的位置，如图 1.17 所示。

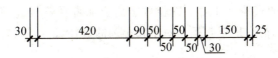

图 1.17　尺寸数字的注写位置

⑤ 尺寸宜标注在图样轮廓线以外，不宜与图线、文字及符号等相交，如图 1.18 所示。

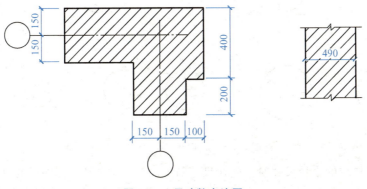

图 1.18　尺寸数字注写

> **特别提示**
>
> 尺寸界线可以用其他线型代替,而尺寸线不可以,只能用细实线绘制。

2. 常用的尺寸标注方法

(1) 半径、直径、球的尺寸标注方法

① 半径:半径的尺寸线应一端从圆心开始,另一端画箭头指向圆弧。半径数字前应加注半径符号"R"。对于较小圆弧的半径和较大圆弧的半径,标注方法如图1.19所示。

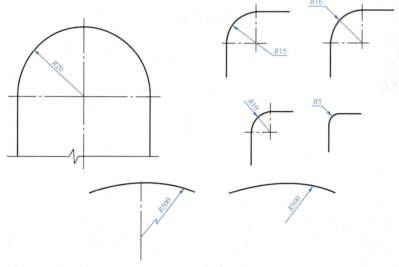

图1.19 半径的尺寸标注方法

② 直径:标注圆的直径尺寸时,直径数字前应加直径符号"ϕ"。在圆内标注的尺寸线应通过圆心,两端画箭头指至圆弧。对于较小圆的直径尺寸,可标注在圆外,标注方法如图1.20所示。

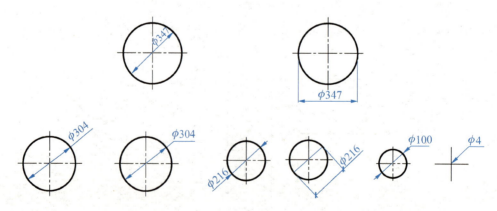

图1.20 直径的尺寸标注方法

③ 球:标注球的半径尺寸时,应在尺寸前加注符号"SR"。标注球的直径尺寸时,应在尺寸数字前加注符号"Sϕ"。注写方法与圆弧半径和圆直径的尺寸标注方法相同。

(2) 角度、弧长、弦长的尺寸标注方法

① 角度：角度的尺寸线应以圆弧表示。该圆弧的圆心应是该角的顶点，角的两条边为尺寸界线。起止符号应以箭头表示，如没有足够位置画箭头，可用圆点代替，角度数字应沿尺寸线方向注写，标注方法如图 1.21 所示。

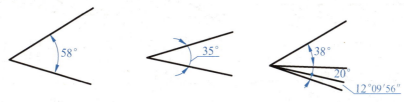

图 1.21　角度标注方法

② 弧长：标注圆弧的弧长时，尺寸线应以与该圆弧同心的圆弧线表示，尺寸界线应指向圆心，起止符号用箭头表示，弧长数字上方或前方应加注圆弧符号"⌒"，标注方法如图 1.22 所示。

③ 弦长：标注圆弧的弦长时，尺寸线应以平行于该弦的直线表示，尺寸界线应垂直于该弦，起止符号用中粗斜短线表示，标注方法如图 1.23 所示。

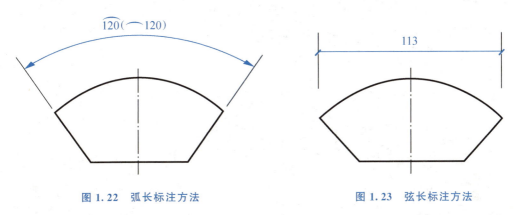

图 1.22　弧长标注方法　　　　　　图 1.23　弦长标注方法

3. 其他尺寸标注方法

（1）坡度：标注坡度时，应加注坡度符号"◂—"或"◂▬"，如图 1.24（a）、(b) 所示。箭头应指向下坡方向，如图 1.24 (c)、(d) 所示。坡度也可用直角三角形的形式标注"◢"，如图 1.24 (e)、(f) 所示。

（2）杆件或管线的长度，在单线图（桁架简图、钢筋简图、管线简图）上，可直接将尺寸数字沿杆件或管线的一侧注写，标注方法如图 1.25 所示。

（3）连续排列的等长尺寸，可用"等长尺寸×个数＝总长"或"总长（等分个数）"的形式标注，标注方法如图 1.26 所示。

（4）构配件内的构造要素（如孔、槽等）如相同，可仅标注其中一个要素的尺寸，标注方法如图 1.27 所示。

（5）对称构配件采用对称省略画法时，该对称构配件的尺寸线应略超过对称符号，仅在尺寸线的一端画尺寸起止符号，尺寸数字应按整体全尺寸注写，其注写位置宜与对称符号对齐，标注方法如图 1.28 所示。

（6）两个构配件，如个别尺寸数字不同，可在同一图样中将其中一个构配件的不同尺寸数字注写在括号内，该构配件的名称也应注写在相应的括号内，标注方法如图 1.29 所示。

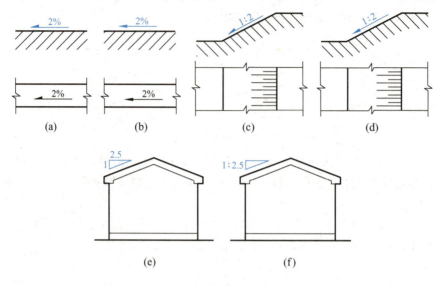

图 1.24　坡度标注方法

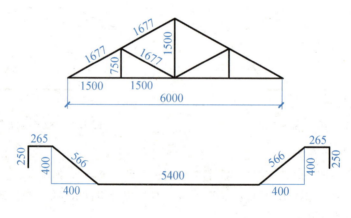

图 1.25　单线图尺寸标注方法

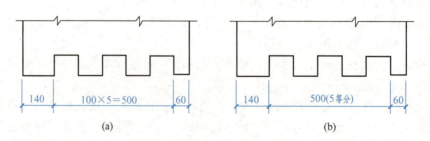

图 1.26　等长尺寸简化标注方法

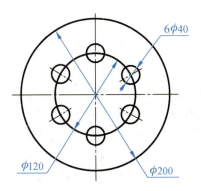

图 1.27 相同要素尺寸标注方法

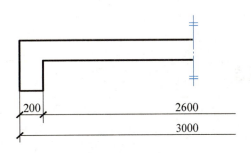

图 1.28 对称构件尺寸标注方法

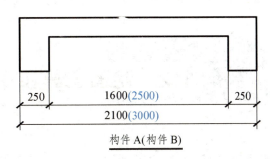

图 1.29 相似构配件尺寸标注方法

（7）数个构配件如仅某些尺寸不同，这些有变化的尺寸数字，可用拉丁字母注写在同一图样中，另列表格写明具体尺寸，如图 1.30 所示。

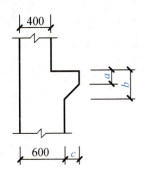

构件编号	a	b	c
Z—1	200	200	200
Z—2	250	450	200
Z—3	200	450	250

图 1.30 相似构配件尺寸表格式标注方法

 **特别提示**

建筑制图国家标准是为规范图纸、方便管理制定的，所有工程人员在设计、施工、管理中必须严格执行。

《房屋建筑制图统一标准》的主要术语如下。
(1) 图纸幅面（drawing format）。图纸宽度与长度组成的图面。
(2) 图线（chart）。起点和终点间以任何方式连接的一种几何图形，形状可以是直线或曲线，连续或不连续线。
(3) 字体（font）。文字的风格式样，又称书体。
(4) 比例（scale）。图中图形与其实物相应要素的线性尺寸之比。
(5) 工程图纸（project sheet）。根据投影原理或有关规定绘制在纸介质上的，通过线条、符号、文字说明及其他图形元素表示工程形状、大小、结构等特征的图形。

1.2 制图工具和用品

1.2.1 图板、丁字尺、三角板

1. 图板

图板用于固定图纸，作为绘图的垫板，如图1.31所示。图板要求板面光滑、平整，图板的左边是导边，必须保持平直。图板的大小有各种不同规格，可根据需要而选定。0号图板适用于画A0号图纸，1号图板适用于画A1号图纸，四周还略有宽余。画图时，将图板与水平桌面成10°~15°倾斜放置。

图板不可用水刷洗和在日光下曝晒。

2. 丁字尺

丁字尺由相互垂直的尺头和尺身组成，如图1.31所示。尺头紧靠图板的左侧面必须平直，尺身工作边必须平直光滑，不可用丁字尺击物或用刀片沿尺身工作边裁纸。丁字尺用完后，宜竖直挂起来，以避免尺身弯曲变形或折断。

丁字尺主要用来画水平线，并且只能沿尺身上侧画线。作图时，左手把住尺头，使它始终紧靠图板左侧，然后上下移动丁字尺，直至工作边对准要画线的地方，再从左向右画水平线，如图1.31所示。画较长的水平线时，可把左手滑过来按住尺身，以防止尺尾翘起和尺身摆动。

切勿用丁字尺的尺头贴住图板的上下长边画垂直线，也不能用丁字尺的非工作边画线。

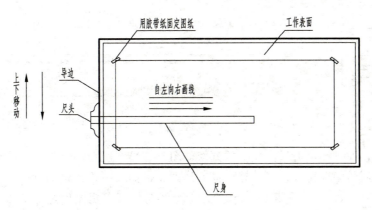

图 1.31　图板和丁字尺

3. 三角板

一副三角板有 30°、60°、90°和 45°、45°、90°两块，且后者的斜边等于前者的长直角边。三角板除了可以直接用来画直线外，还可以配合丁字尺画铅垂线和画 30°、45°、60°及 15°×n 的各种斜线，如图 1.32 所示。

画铅垂线时，先将丁字尺移动到所绘图线的下方，把三角板放在应画线的右方，并使一直角边紧靠丁字尺的工作边，然后移动三角板，直到另一直角边对准要画线的地方，再用左手按住丁字尺和三角板，自下而上画线，如图 1.32 所示。

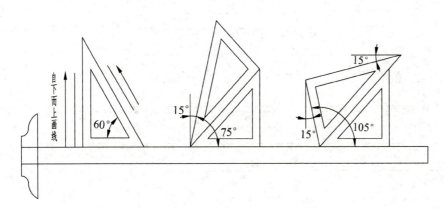

图 1.32　三角板、丁字尺配合画各种斜线

1.2.2　比例尺

比例尺是用来按一定比例量取长度的专用尺，可用来放大或缩小实际尺寸。常用的比例尺呈三棱柱状，称作三棱尺。三棱尺上刻有 6 种刻度，通常分别表示为 1∶100、1∶200、1∶300、1∶400、1∶500、1∶600 等 6 种比例。比例尺上的数字以"m"为单位，例如，数字 1 代表实际长度 1 m，5 代表实际长度 5 m，如图 1.33 所示。

使用比例尺画图时，若绘图所用比例与尺身上比例相符，则首先在尺上找到相应的比

比例尺

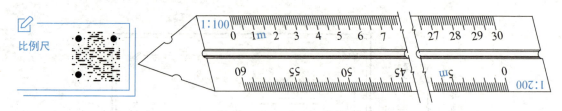

图 1.33 比例尺

例,不需计算,即可在尺上量出相应的刻度作图。若绘图所用的比例与尺身比例不符,则选取尺上最方便的一种比例,经计算后量取绘图。例如,一栋建筑的某两条轴线之间的距离为 3600 mm(3.6 m),采用 1∶100 的比例绘图时,可以用比例尺上的 1∶100 的比例,直接在 1∶100 的尺身上量到 3.6 m 处即可。假如采用 1∶20 的比例绘图,可以用比例尺上的 1∶200 的比例,因为 1∶200 比 1∶20 小 10 倍,所以 1∶20 比例尺的 1 m,相当于 1∶200 尺子上的 10 m,要量取 3.6 m,则需在 1∶200 的尺身上量取 36 m,如图 1.34 所示。

比例尺是用来量取尺寸的,不可用来画线。所以不要把比例尺当直尺来用,以免磨损比例尺上的刻度。

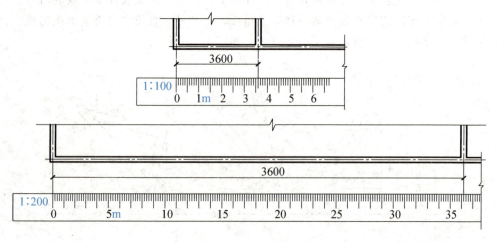

图 1.34 比例尺的使用

1.2.3 圆规和分规

1. 圆规

圆规是用来画圆及圆弧的工具,其中的一脚为固定钢针,另一脚为可替换的各种铅笔芯。铅笔芯应磨成约 65°的斜截圆柱状,斜面向外,也可磨成圆锥状,如图 1.35(a)所示。使用圆规时,要使带钢针的一脚略长于带铅笔芯的一脚,这样在针尖扎入图纸后,能保证圆规的两脚一样长。圆规的用法如图 1.35 所示。

2. 分规

分规的形状与圆规相似,但两脚都装有钢针,可以用来量取线段长度或者等分直线或

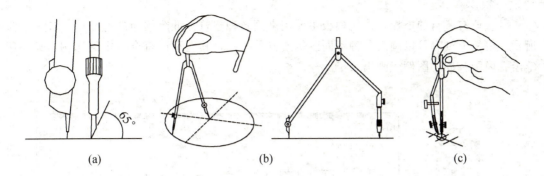

图 1.35　圆规的用法

圆弧。使用时,应先从比例尺或直尺上量取所需的长度,然后在图纸的相应位置量出即可。为了量取长度准确,分规的两个脚必须等长,两针尖合拢时应会合成一点。

1.2.4　铅笔、模板、擦图片

1. 铅笔

绘图铅笔按铅笔芯的软硬程度分为 B 型和 H 型两类。"B"表示软,标号 B、2B⋯6B 表示软铅笔芯,数字越大,表示铅笔芯越软;"H"表示硬,标号 H、2H⋯6H 表示硬铅笔芯,数字越大,表示铅笔芯越硬;HB 型介于两者之间。画图时,可根据使用要求选用不同的铅笔型号。建议画粗线时用 B 型或 2B 型,画细线或底稿线时用 H 型或 2H 型,画中线或书写字体时用 HB 型。

铅笔尖应削成锥形,铅笔芯露出 6~8 mm。削铅笔时要注意保留有标号的一端,以便能始终识别铅笔的软硬度。使用铅笔绘图时,用力要均匀,避免用力过大划破图纸或在纸上留下凹痕,也避免用力过小使得所画的线条不清晰。为了保证所画的线条粗细一致,画线时要边画边转动铅笔。画线时放笔的位置如图 1.36 所示,从正面看笔身应倾斜约 60°,从侧面看笔身应铅直。持笔的姿势要自然,笔尖与尺边距离始终保持一致,线条才能画得平直准确。

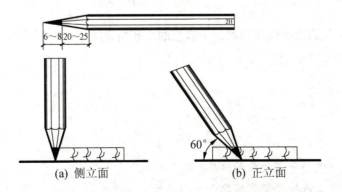

图 1.36　画线时放笔的位置

2. 模板

各专业有各自的模板，建筑模板主要用来画各种建筑标准图例和常用符号，如图 1.37 所示。模板上刻有可以画出各种不同图例或符号的孔，其大小已符合一定的比例，只要用笔沿孔内画一周，图例就画出来了。

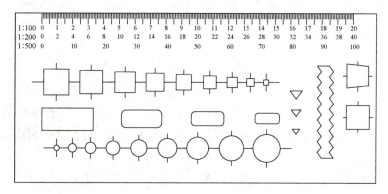

图 1.37 模板

3. 擦图片

擦图片是用来修改错误图纸的。它是用透明塑料或不锈钢制成的薄片，薄片上刻有各种形状的模孔，其形状如图 1.38 所示。

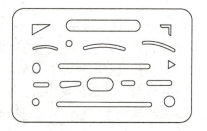

图 1.38 擦图片

使用时，应使画错的线在擦图片上适当的小孔内露出来，再用橡皮擦拭，以免影响其临近的线条。

 特别提示

（1）使用分规等分线段和量取线段。
（2）要习惯三角板与丁字尺配合使用画线。

1.3 工程图绘制方法

1.3.1 绘图步骤

绘制工程图时，为了保证图纸的质量、提高工作效率，除了要养成认真、耐心的良好习惯之外，还要按照一定的方法和步骤循序渐进地完成。

1. 制图前的准备工作

（1）备好绘图的各种工具，并且在绘图之前和绘图过程中都要保持工具的清洁。

（2）根据绘图需要选定某种规格的图纸，用胶带纸固定在图板的左下角，使图纸的左边距图板左边约 5cm，底边距图板的下边略大于丁字尺的宽度。固定的图纸要保持干净、平整。

2. 绘铅笔底稿图

（1）底稿图是一张图的基础，要认真、准确地绘制。绘图时采用削尖的 H 型或 HB 型铅笔，底稿线要细而淡，绘图者自己能看得出便可。

（2）依次画出图纸幅面线、图框线、图纸标题栏。

（3）根据所画图的类型和内容，估计各图形的大小及预留尺寸线的位置，将图形均匀、整齐地安排在图纸上，避免某部分过于紧凑或某部分过于宽松。

（4）画图时，一般先画轴线或中心线，其次画图形的主要轮廓线，然后画细部；尺寸线、尺寸界线、剖面符号、文字说明等，可在图形加深完后再注写。材料符号在底稿中只需画出一部分或不画，待加深时再全部画出。

3. 铅笔加深图形

在图形加深前，要认真校对底稿，修正错误和填补遗漏；底稿经检查无误后，擦去多余的线条和污垢。一般用 2B 型铅笔加深粗线，用 B 型铅笔加深中粗线，用 HB 型铅笔加深细线，注写文字和画箭头。用铅笔加深图线时用力要均匀，边画边转动铅笔，使加深出来的线条粗细均匀、颜色深浅一致，加深时还要根据制图的有关规定，做到线型正确、粗细分明，图线与图线的连接要光滑、准确，图面要整洁。

加深图线的一般步骤如下。

（1）加深所有的点画线。

（2）加深所有粗实线的曲线、圆及圆弧。

（3）依次从上到下加深所有水平方向的粗实线。

（4）依次从左到右加深所有铅垂方向的粗实线。

（5）从图的左上方开始，依次加深所有倾斜的粗实线。

（6）按照与加深粗实线同样的步骤，加深所有的中虚线曲线、圆和圆弧，然后加深水平的、铅垂的和倾斜的中虚线。

（7）按照与加深粗实线同样的步骤，加深所有的中实线。

(8) 加深所有的细实线、折断线、波浪线等。
(9) 画尺寸起止符号或箭头。
(10) 加深图框、图标。
(11) 注写尺寸数字、文字说明，并填写标题栏。

1.3.2 简单几何作图方法

如图 1.39 所示，以一简单的平面图为例，说明几何作图方法。

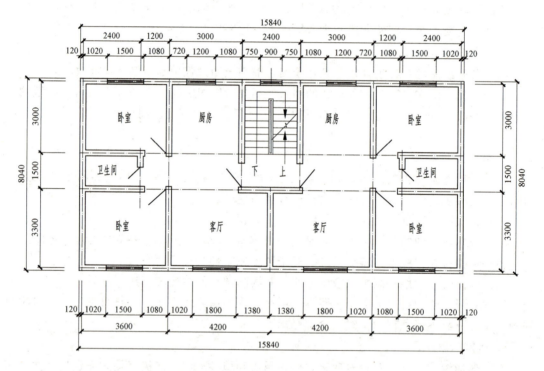

图 1.39 平面图

(1) 根据图形的尺寸及所用的比例，选择合适的图幅。图 1.39 所示的平面图选用 1∶100 的比例，选择 A4 图幅，并将图纸固定在图板上。

(2) 打底稿，用 H 型或 HB 型铅笔，首先按照 A4 图幅的尺寸要求，用细实线轻轻地画好图纸幅面线、图框线、图纸标题栏。

(3) 大致计算一下，留出尺寸标注的位置，将图大致布置在图纸中部。

(4) 按照顺序，依次画出轴线网格、内外墙线等建筑物的轮廓线，门、窗、阳台、楼梯等建筑物的细部。

(5) 检查底稿图是否有误，经过查漏补缺、修改后，进行图线加深。对于粗实线要使用 2B 型铅笔，例如墙线、图框线、标题栏框线的加粗；中实线使用 B 型铅笔，例如门、窗、阳台、楼梯等的加粗；最后用细实线绘制尺寸线、尺寸界线、折断线、标题栏内部细实线及文字的标注，然后再用中实线画出尺寸起止符号和箭头。

第1章 制图的基本知识与技能

特别提示

图形的比例要选择恰当,在图纸上的布局要合理、适中;线型、线宽、文字要正确且符合制图标准的要求;尺寸布置清晰,尺寸标注正确且符合规定;标注完整不遗漏,不重复。

知识卡

目前,电子计算机技术在各行各业得到了普遍的应用。建筑设计工作全部采用AutoCAD(或专业绘图软件)完成,大大提高了绘图速度和绘图质量,为人们创造了全新的工作环境,改变了原有手工绘图的工作方式。但是,传统的手工绘图方法仍然很重要,因为它是计算机绘图的基础。

本章回顾

(1) 建筑制图标准是任何建筑专业在绘图时都必须遵守的统一规定。要正确学习和运用国家规定的制图标准,如图纸幅面、图线线型、比例和尺寸标注等。

(2) 图线在一般图纸中应用最多的是粗实线、中实线、细实线、中虚线、细单点长画线和折断线等。在制图标准中,规定了各种图线的适用范围,如粗实线图示出工程图中的重点内容,墙体上的孔洞用中虚线绘制,定位轴线、中心线用细单点长画线绘制。

(3) 尺寸标注是由尺寸线、尺寸界线、起止符号和数字组成。除总平面图和标高符号上的尺寸数字单位以"m"为单位外,其他均以"mm"为单位。半径、直径应加符号"R、φ"。注意掌握尺寸的几种特殊标注方法。

(4) 建筑图采用比例绘制,无论图纸采用多大比例绘制,所标注的尺寸都是实际尺寸。

(5) 本章所介绍的制图工具,在绘图前都要准备好,并擦拭干净。使用中要注意它们的正确用法,并注意保管。

(6) 建筑工程图是施工的依据,不允许有差错,以免给施工带来麻烦和损失。所以在学习时,一定要养成校核的习惯。检查尺寸是否准确、完全,绘制的图是否符合国家制图标准等。

想一想

1. 为了使工程图统一规范,国家制定了哪些标准?

2. 图纸幅面有哪几种规格？标题栏、会签栏画在图纸的什么位置？
3. 什么是比例？
4. 图线有哪几种？简述它们的用途和画法。
5. 尺寸标注由哪几部分组成？对尺寸排列有什么要求？
6. 标注半径、直径、球及坡度的尺寸时，应加注什么符号？

第 2 章　投影的基本知识

思维导图

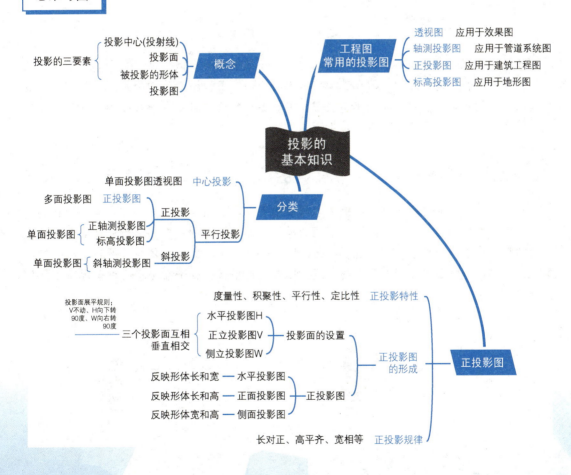

引言

日常的绘画和摄影所表现的形体或建筑物，虽然形象逼真，很容易看懂，但是这种图不能把建筑物各个部分的真实形状和大小准确地表示出来，它无法表达全面的设计意图，更不能用来指导施工。

一幢房屋从施工到建成，需要全套房屋施工图做指导，而施工图主要是应用正投影原理绘制的。为了掌握识读工程图的技能，必须学会绘图的理论基础——投影原理。

请思考： 如何将三维的房屋在只有长度和宽度的图纸上准确地、全面地表达出其真实的形状和大小呢？

2.1 投影及其特性

任何一个工程建造物，无论是高大的楼房，还是细小的机械零件，都有 3 个维度的尺度，就是长度、宽度、高度。但在工程技术界所应用的工程图都是两个维度（长和宽）的平面图。如何才能将空间立体真实地表现在平面上呢？这就需要有一种绘图方法和一定的理论根据。工程图所用的绘图方法是投影的方法。

2.1.1 投影的概念

晚上，把一本书对着电灯，如果书本与墙壁平行，如图 2.1（a）所示，这时，在墙上就会有一个形状和书本一样的影子。晴朗的早晨，迎着太阳把一本书平行放在墙前，墙上出现的影子和书的大小差不多，如图 2.1（b）所示。因为太阳离书本的距离要比电灯离书本远得多，所以阳光照到书本上的光线就比较接近平行。影子在一定程度上反映了形体的形状和大小。

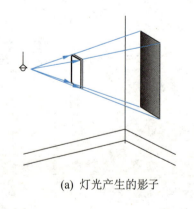

(a) 灯光产生的影子

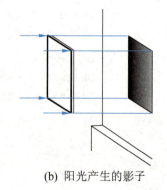

(b) 阳光产生的影子

图 2.1 投影的产生

人们对这种自然现象做出了科学的总结与抽象的概括：假设光线能透过形体而将形体上的各个点和线都在承接平面上投落下它们的影子，从而使这些点、线的影子组成能反映形体形状的图形，如图 2.2 所示，那么就把这样形成的图形称为投影图，通常也可将投影图称为投影。能够产生光线的光源称为投影中心，而光线称为投射线，承接影子的平面称为投影面。

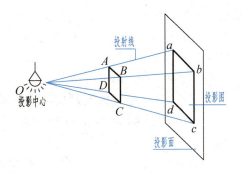

图 2.2　中心投影法

由此可知，要产生投影必须具备 3 个条件：投射线、形体、投影面，这 3 个条件又称为投影的三要素。做出形体投影的方法，称为投影法。

工程图纸就是按照投影原理和投影作图的基本规则而形成的。

特别提示

（1）在投影原理中，只讨论物体的形状和尺度，而不涉及有关物体的材料、物理性质及化学性质等问题，所以在此将物体称为形体。

（2）自然现象中形体的影子和形体投影图有着本质的区别，两者的概念不同，图形反映的内容不同，如图 2.3 所示。影子的产生是物理现象，而投影图是几何问题。

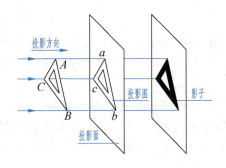

图 2.3　平行投影法

2.1.2　投影的分类

投影的分类实际属于投影法的分类。

1. 中心投影

投射线集中于投影中心时，所得的投影称作中心投影，如图 2.2 所示。在投影面上的矩形 abcd 就是由投影中心 O 引过矩形 ABCD 上各个顶点的投射线与投影面的交点连得的。

2. 平行投影

投射线彼此平行时所得的投影称作平行投影，如图 2.3 所示。太阳的光线可以看作互相平行的投射线。在投影面上的三角形 abc 是依投影方向互相平行的投射线过三角形 ABC 上各个顶点与投影面的交点连得的。

平行投影又分为以下两种。

（1）正投影。平行的投射线与投影面垂直时所产生的形体的投影称作正投影，如图 2.4 中 a 所示。

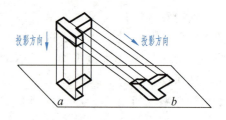

图 2.4　正投影与斜投影

（2）斜投影。平行的投射线与投影面斜交时所产生的形体的投影称作斜投影，如图 2.4 中 b 所示。

 知识卡

赵学田（1900—1999 年）：原华中工学院教授，我国工程图学著名专家、中国工程图学学会主要创始人、中国工程图学学会第一届理事会理事长。他率先在三视图中提出三等规律（长对正，高平齐，宽相等），在科普制图中，大量推行工人速成教育，在提高我国工人识图能力方面取得了显著成绩。

2.2　工程图上常用的投影图

中心投影和平行投影（正投影和斜投影）在建筑工程中应用甚广，以一幢四棱柱体外形的楼房为例，用不同的投影法，可以画出建筑工程中常用的投影图，如图 2.5 所示。

1. 透视图

透视图是指用中心投影法绘制的单面投影图，如图 2.5（a）所示。这种图显得自然且富有真实感，与照相机所拍得的相片非常相似，但形体各个部分的形状和大小不能在图中直接反映和度量出来。透视图一般用在建筑设计、装饰设计的方案和效果图中。

2. 轴测投影图

轴测投影图是指用平行投影法绘制的单面投影图，如图 2.5（b）所示。这种图有立体感，画法较透视图更简易，但形体在图面上改变了它的真实形状，一般作为建筑工程图的辅助图纸。

3. 正投影图

正投影图是指用正投影法在平行于形体某一侧面的投影面上作出的投影图，如图 2.5（c）所示。正投影图能反映形体各个侧面的真实形状和大小，具有可度量性，而且作图简便，符合工程技术上的要求，所以建筑工程图一般采用正投影图。但正投影图缺乏立体感，需经过一定的训练才能看懂。

4. 标高投影图

标高投影图是用一种带有数字标记的单面正投影图，如图 2.6 所示。标高投影图可以

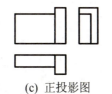 

(a) 透视图　　　(b) 轴测投影图　　　(c) 正投影图

图 2.5　建筑工程中常用的投影图

用来反映形体的长度和宽度,其高度用数字标注,图 2.6(a)所示为形体的标高投影图。标高投影图还可以用来表达地面的形状,图 2.6(b)所示为地形的标高投影图。

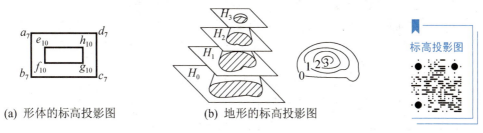

(a) 形体的标高投影图　　　　(b) 地形的标高投影图

图 2.6　标高投影图

特别提示

(1) 形体的正投影图一般是指多面投影图,只有将多个投影图联系起来识读才能确定空间体的形状。

(2) 标高投影图主要用于地形图中,相关内容详见《建筑工程测量》(第三版)(张敬伟　马华宇主编,北京大学出版社出版)。

2.3　正投影图

2.3.1　正投影特性

在建筑工程制图中,最常用的投影是正投影。下面以点、直线段、平面的正投影为例说明正投影特性。

(1) 点的投影仍然是点,如图 2.7(a)所示。

(2) 直线段的投影。

① 当直线段平行于投影面时,其投影反映实长,即 $ab=AB$,如图 2.7(b)所示。该

线段的长度可以从其正投影的长度来度量,即度量性。

② 当直线段垂直投影面时,其投影积聚为一点,即积聚性,如图 2.7 (c) 所示。

③ 当直线段倾斜投影面时,其投影小于实长,即 $eg<EG$,如图 2.7 (d) 所示。

④ 互相平行的两直线在同一投影面上的正投影仍然保持平行,如图 2.7 (e) 所示, $EF//CD$、$ef//cd$,即平行性。

⑤ 点在直线段上,则点的投影必在直线段的投影上。点分直线段所成的比例,等于点的投影分直线段的投影所成的比例,即定比性,如图 2.7 (d) 所示。

(3) 平面的投影。

① 当平面平行于投影面时,其投影反映实形,即面 $cdfe$≌面 $CDFE$,如图 2.7 (f) 所示,具有显实性。该平面图形的形状和大小可以从其正投影的长度来确定和度量,即度量性。

② 当平面垂直投影面时,其投影积聚成直线,即积聚投影,如图 2.7 (g) 所示。

③ 当平面倾斜投影面时,其投影类似于平面实形,如图 2.7 (h) 所示。

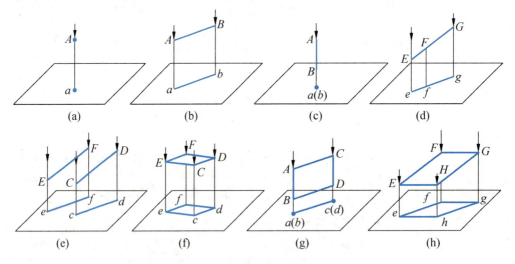

图 2.7 点、直线段、平面的正投影图

综上所述,正投影的特性可归纳为:度量性、积聚性、平行性、定比性。因为斜投影也具备以上特性,所以,以上的特性也是平行投影的特性。

特别提示

(1) 平行投影的 4 个基本特性是指某一投影面与空间几何元素的关系,4 个特性中只有积聚性是可逆的。

(2) 正投影图可以反映实形或实长,具有可度量性,作图方便,所以,一般建筑工程图都用正投影法绘制。在后文中说到投影时,除特殊说明外,均指正投影。

试一试

分析图 2.8 所示线、面与投影面的相对位置。

第 2 章 投影的基本知识

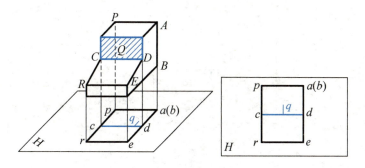

图 2.8　形体的正投影图

2.3.2　正投影图的形成及规律

1. 投影面的设置

图 2.9 中的 4 个形体在 P 投影面上的投影均是相同的长方形，所以由一个投影图不能确定唯一的形体。这是因为形体是由长、宽、高 3 个尺寸确定的，而一个投影图只反映其中的 2 个尺寸，所以要准确、全面地表达形体的形状和大小，一般需要 2 个或 2 个以上的投影图。

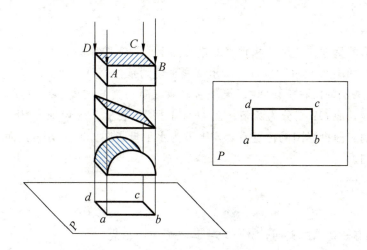

图 2.9　由一个投影图不能唯一确定其形体

为此设置三面投影体系，即设立 3 个互相垂直的平面作为投影面——正立投影面 V（简称正面）、水平投影面 H（简称水平面）、侧立投影面 W（简称侧面）。这 3 个投影面的交线 OX、OY、OZ 也互相垂直，分别代表长、宽、高 3 个维度，称为投影轴。3 轴的交点称为原点 O，如图 2.10 所示。

2. 投影图的形成

将长方体放置在 H、V、W 3 个投影面中间，注意使长方体上、下底面平行于 H 面；前、后侧面平行于 V 面；左、右面平行于 W 面。按箭头所指方向在 3 组平行投射线的照射下，得到长方体的 3 个投影图，称为长方体的正投影图，如图 2.11（a）所示。

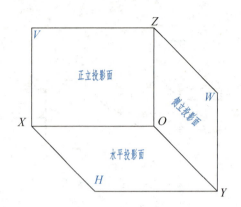

图 2.10 三面投影体系的建立

由上向下在 H 面上投影得到的投影图称为水平投影图,它反映长方体上、下面的真实形状及长方体的长度和宽度,但是不反映长方体的高度;由前向后在 V 面上投影得到的投影图称为正面投影图,它反映长方体前、后面的真实形状及长方体的长度和高度,但是不反映长方体的宽度;由左向右在 W 面上投影得到的投影图称为侧面投影图,它反映长方体左、右面的真实形状及长方体的宽度和高度,但是不反映长方体的长度。

由此可见,综合形体在 3 个互相垂直的投影面上的投影图,可以比较完整地表达形体的真实形状和大小。

3. 投影面展平

因 3 个投影图呈像在 3 个互相垂直的投影面上,为方便作图,须将这 3 个投影图展平在同一图纸上,如图 2.11(b)、(c)所示。展平规则是:V 面不动,H 面绕 OX 轴向下旋转 90°,W 面绕 OZ 轴向右旋转 90°。展平后,原三面相交的交线 OX、OY、OZ 成为两条垂直相交的直线,原 OY 则分为两条,在 H 面上用 Y_H 表示,在 W 面上用 Y_W 表示。

从展平后的三面投影图的位置看:左下方为水平投影图,左上方为正面投影图,右上方为侧面投影图。

 特别提示

(1) 因投影面是无限大的,故可以去掉投影面的框线。
(2) 因投影图像与形体到投影面的距离无关,故可以去掉投影轴,如图 2.12 所示。

4. 投影规律

从三面投影图的形成过程中,可以进一步归纳出三面投影图之间的相互关系及投影规律。由图 2.11(d)可以看出,每个投影图只能反映形体长、宽、高中的两个方向的大小。

(1) 正面投影图反映形体的长（x）和高（z）。
(2) 水平投影图反映形体的长（x）和宽（y）。
(3) 侧面投影图反映形体的宽（y）和高（z）。

从形体的投影图和投影面的展平过程中,还可看出如下内容。

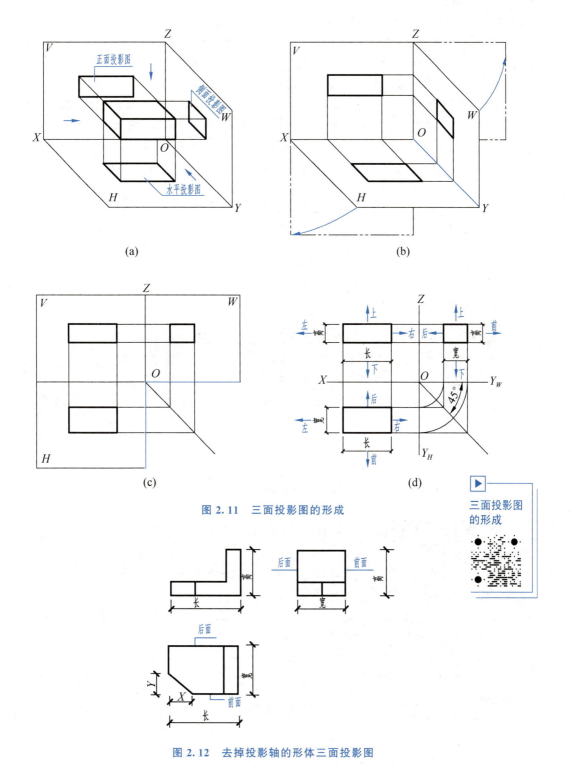

图 2.11 三面投影图的形成

图 2.12 去掉投影轴的形体三面投影图

（1）正面、侧面投影图反映形体上、下方向的相同高度（等高）；形体上各个面和各条线在正面、侧面投影面上的投影图，应在高度方向分别平齐。

（2）正面、水平投影图反映形体左、右方向的相同长度（等长）；形体上各个面和各条线在正面、水平投影面上的投影图,应在长度方向分别对正。

(3) 水平、侧面投影图反映形体前、后方向的相同宽度（等宽）；形体上各个面和各条线在水平、侧面投影面上的投影图,应在宽度方向分别相等。

必须指出,在投影面的展平过程中,当水平面 H 绕 OX 轴向下旋转到和正面 V 处于同一平面时,原来向前的 OY 轴即转向 OY_H 轴了。就是说,水平投影图的下方,实际上代表了形体的前方；水平投影图的上方,实际上代表了形体的后方。当侧面 W 绕 OZ 轴向右旋转到和正面 V 处于同一平面时,原来向前的 OY 轴就转成向右的 OY_W 轴了。就是说,侧面投影图的右方,实际上代表了形体的前方；侧面投影图的左方,实际上代表了形体的后方。

通过以上分析,可以概括出三面投影图的投影规律是：长对正、高平齐、宽相等。

形体在三面投影体系中的上下、左右、前后 6 个方位的位置关系,如图 2.11（d）所示,每个投影图可以相应反映 4 个方位。

这 3 条规律,必须在初步理解的基础上,经过画图和看图的反复实践中逐步达到熟练和融会贯通的程度。

特别提示

(1) 一个形体需要画几个投影图才能表达清楚,这完全取决于形体本身的形状。对一般形体来说,用 3 个投影图已经足够确定其形状和大小。对于简单的形体 2 个（或 1 个）投影图也可以,而对于复杂的形体,往往需要更多的投影图来表达。

(2) 投影图可以反映方位,由此可以判断点、线、面的相对位置,对识读建筑工程图很有帮助。

本章回顾

本章阐述的内容是学习后续知识的基础,在理解的基础上加强三面投影图关系的应用。

(1) 用投影表示形体的方法称为投影法,投射线互相平行并垂直于投影面称为正投影,正投影是绘制一般工程图纸的主要方法。

(2) 平行于投影面的线段或平面的投影反映实际大小；垂直于投影面的直线或平面,其正投影为一点或一直线段；倾斜于投影面的直线或平面,其投影小于原直线段或平面。

(3) "长对正,高平齐,宽相等"是投影图的重要关系,即形体的正面投影图与水平投影图长度相等；侧面投影图与正面投影图的高度相等；水平投影图与侧面投影图的宽度相等。

想一想

1. 形成投影应具备哪些条件？投影是如何分类的？

2. 正投影图的基本规律和特性是什么？

3. 三面投影图是如何展平的？

4. 在三面投影图中，形体的长、宽、高是如何规定的？作三面投影图时，"长对正，高平齐，宽相等"关系的含义是什么？

5. 形体的三面投影各反映哪个向度和方位？

6. 正投影图和正面投影图的区别是什么？

第 3 章 点、直线、平面的投影

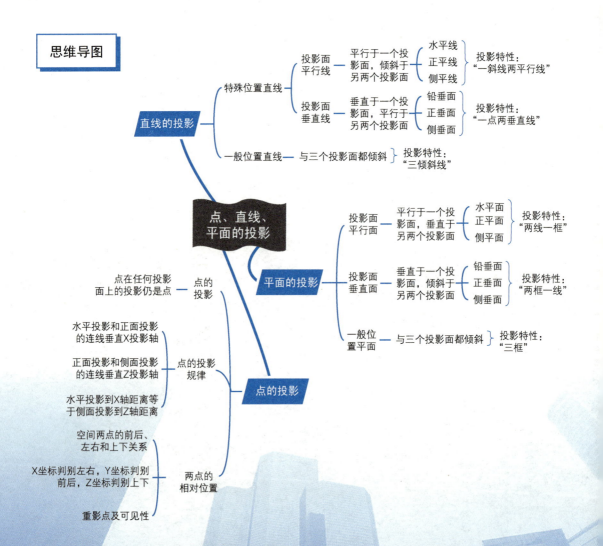

思维导图

点、直线、平面的投影
- 直线的投影
  - 特殊位置直线
    - 投影面平行线 — 平行于一个投影面，倾斜于另两个投影面
      - 水平线
      - 正平线
      - 侧平线
      - 投影特性："一斜线两平行线"
    - 投影面垂直线 — 垂直于一个投影面，平行于另两个投影面
      - 铅垂面
      - 正垂面
      - 侧垂面
      - 投影特性："一点两垂直线"
  - 一般位置直线 — 与三个投影面都倾斜
    - 投影特性："三倾斜线"
- 平面的投影
  - 投影面平行面 — 平行于一个投影面，垂直于另两个投影面
    - 水平面
    - 正平面
    - 侧平面
    - 投影特性："两线一框"
  - 投影面垂直面 — 垂直于一个投影面，倾斜于另两个投影面
    - 铅垂面
    - 正垂面
    - 侧垂面
    - 投影特性："两框一线"
  - 一般位置平面 — 与三个投影面都倾斜
    - 投影特性："三框"
- 点的投影
  - 点在任何投影面上的投影仍是点
  - 点的投影规律
    - 水平投影和正面投影的连线垂直X投影轴
    - 正面投影和侧面投影的连线垂直Z投影轴
    - 水平投影到X轴距离等于侧面投影到Z轴距离
  - 两点的相对位置
    - 空间两点的前后、左右和上下关系
    - X坐标判别左右，Y坐标判别前后，Z坐标判别上下
    - 重影点及可见性

引言

在建筑工程中遇到的形体无论多么复杂都可以看成是由点、直线、平面组成的,因此应首先掌握点、直线、平面的投影。图 3.1 所示的两坡屋面的建筑形体,可见点 A、B、C、D,构成直线 AB、AC、BD、CD,构成平面 P,其中点是最基本的几何元素。

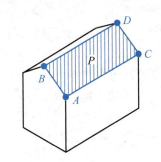

图 3.1　形体上的点、直线、平面

3.1　点的投影

3.1.1　点投影的形成

空间点 A 在三面投影体系中的投影,如图 3.2(a)所示,过 A 点分别向 3 个投影面作垂线(投射线),其相应的垂足 a、a'、a'' 即为 A 点的三面投影。点在任何投影面上的投影仍是点。a 称为 A 点的水平投影;a' 称为 A 点的正面投影;a'' 称为 A 点的侧面投影。移走空间点 A,把 3 个投影面展开在 1 个平面上,即得 A 点的三面投影图,如图 3.2(b)所示。

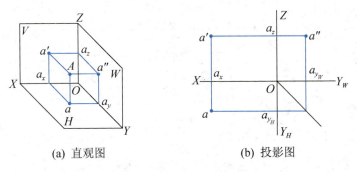

(a) 直观图　　　　　　　　(b) 投影图

图 3.2　点的投影规律

3.1.2 点的投影规律

从图 3.2（a）可以看出，过空间点 A 的两条投射线 Aa 和 Aa' 构成的矩形平面 Aaa_xa' 与 H 面和 V 面互相垂直相交，则它们的交线 aa_x、$a'a_x$ 与 OX 轴必然互相垂直相交。当 V 面不动，H 面绕 OX 轴向下旋转至与 V 面在同一平面时，aa_x 和 $a'a_x$ 就成为一条垂直于 OX 轴的直线，即 $aa' \perp OX$，如图 3.2（b）所示。同理可知，$a'a'' \perp OZ$。a_y 在投影面展开后，被分为 a_{y_H} 和 a_{y_W} 两个点，所以 $aa_{y_H} \perp OY_H$，$a''a_{y_W} \perp OY_W$，即 $aa_x = a''a_z$。

通过以上分析，可以总结出点的投影规律如下。

（1）点的正面投影 a' 和水平投影 a 的连线垂直于 OX 轴，即 $aa' \perp OX$。（长对正）

（2）点的正面投影 a' 和侧面投影 a'' 的连线垂直于 OZ 轴，即 $a'a'' \perp OZ$。（高平齐）

（3）点的水平投影 a 到 OX 轴的距离等于其侧面投影 a'' 到 OZ 轴的距离，即 $aa_x = a''a_z$。（宽相等）

根据上述投影规律可知，在点的三面投影中，任何两个投影都能反映出点到三个投影面的距离。因此，只要给出点的任意两个投影，就可以求出第三个投影。

【例 3-1】 已知 A、B 两点的两面投影，求其第三面投影，如图 3.3（a）所示。

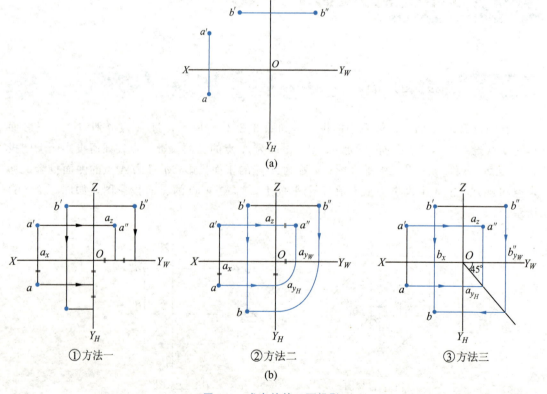

图 3.3 求点的第三面投影

作图过程：

作 A 点的侧面投影。

① 过 a' 点作 OZ 轴的垂线 $a'a_z$，所求 a'' 点必在这条垂直的延长线上。

② 方法一：在 $a'a_z$ 的延长线上截取 $a''a_z = aa_x$，a'' 点即为所求，如图 3.3（b）①所示。

方法二：以原点 O 为圆心，以 aa_x 为半径画弧，再向上引线与 $a'a_z$ 相交与一点，即为 a'' 点，如图 3.3（b）②所示。

方法三：过原点 O 作 45°辅助线，过 a 点作 $aa_{y_H} \perp OY_H$ 并延长交所作辅助线于一点，过此点作 OY_W 轴垂线交 $a'a_z$ 于一点，此点即为 a'' 点，如图 3.3（b）③所示。

作 B 点的水平面投影，与 A 点方法相同，在此仅详解方法三，如图 3.3（b）③所示。

① 过 b'' 点作 OY_W 轴的垂线 $b''b''_{y_W}$，延长交 45°辅助线于一点，过该点作 OY_H 轴垂线并延长。

② 过 b' 点作 OX 轴垂线，与 OY_H 轴垂线的延长线相交于一点，该点即为 b 点。

3.1.3 点的坐标与投影的关系

在三面投影体系中，空间点及其投影的位置，可以用坐标来确定。如果把三投影面体系看作空间直角坐标系，那么投影面 H、V、W 相当于坐标平面；投影轴 OX、OY、OZ 分别相当于坐标轴 X、Y、Z；投影轴原点 O 相当于坐标系原点。因此 A 点的空间位置可用其直角坐标表示为 $A(x, y, z)$，A 点三投影的坐标分别为 $a(x, y)$、$a'(x, z)$、$a''(y, z)$，如图 3.4 所示。

A 点的坐标与 A 点的投影及 A 点到投影面的距离有如下的关系。

（1）A 点的 X 坐标等于 A 点到 W 面的距离 $Aa'' = a'a_z = aa_{y_H} = a_xO$。

（2）A 点的 Y 坐标等于 A 点到 V 面的距离 $Aa' = a''a_z = aa_x = a_{y_W}O$。

（3）A 点的 Z 坐标等于 A 点到 H 面的距离 $Aa = a'a_x = a''a_{y_W} = a_zO$。

点的一个投影包含了点的两个坐标，所以一点的任意两面投影的坐标值，就包含了确定该点空间位置的 3 个坐标，即确定了点的空间位置。因此，若已知一个点的任意两面投影，即可求出其第三投影；若已知点的坐标，即可作出该点的三面投影；若已知点的三面投影，也可以量出该点的 3 个坐标。

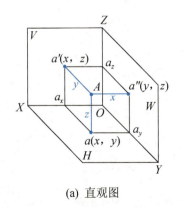
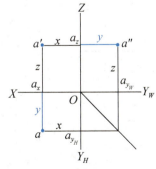

(a) 直观图　　　　　　　　　　　(b) 投影图

图 3.4　点的坐标与投影的关系

【例 3-2】 已知 A 点（10，15，12），求作 A 点的三面投影图。

作图过程如下。

① 在 OX 轴上量取 $Oa_x = 10$ mm，定出 a_x 点，如图 3.5（a）所示。

② 过 a_x 点作 OX 轴的垂线，并量取 $aa_x = 15$ mm、$a'a_x = 12$ mm，得出 a 点和 a' 点，如图 3.5（b）所示。

③ 根据 a 点和 a' 点，求出 a'' 点，如图 3.5（c）所示。

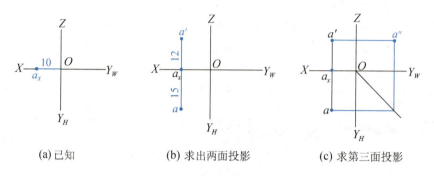

(a) 已知　　　　　　(b) 求出两面投影　　　　　　(c) 求第三面投影

图 3.5　已知点的坐标求点的三面投影

3.1.4　特殊位置点的投影规律

如果空间点处于特殊位置，比如点恰巧在投影面上或者在投影轴上，那么这些点的投影规律又如何呢？

【例 3-3】 已知点 M（12，0，8），N（0，12，0），求作 M、N 两点的三面投影图。

作图过程如下。

① 空间点 M 位于投影面上，根据题干条件空间点 M 的坐标可知，m（12，0，0）、m'（12，0，8）、m''（0，0，8），分别在各投影面量取所需坐标长度即可求

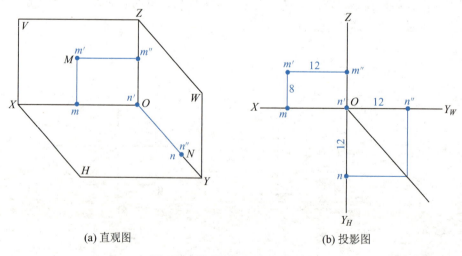

(a) 直观图　　　　　　　　　　(b) 投影图

图 3.6　特殊位置点的三面投影

出,如图 3.6 (b) 所示。

② 空间点 N 位于投影轴上,同理根据空间点 N 的坐标,在 OY_H 轴上量取 $On=12$ mm 定出 n 点,在 OY_W 轴上量取 $On''=12$ mm 定出 n'' 点,n' 点与原点重合,如图 3.6 (b) 所示。

位于投影面、投影轴及原点上的点,统称为特殊位置点,其投影规律如下。

(1) 位于投影面上的点:当点在某一个投影面上时,点的一个坐标为零,其一个投影与所在投影面上该点的空间位置重合,另两个投影分别落在该投影面所包含的两个投影轴上。

(2) 位于投影轴上的点:当点在某一个投影轴上时,点的两个坐标为零,其两个投影与所在投影轴上该点的空间位置重合,另一个投影则与坐标原点重合。

(3) 与原点重合的点:当点在原点上时,点的三个坐标均为零,其三个投影都与原点重合。

 **特别提示**

当点位于 Y 轴上或 H 面上时,点的水平投影和点的侧面投影分别在 Y_H,Y_W 轴上。

【例 3-4】 已知点 B (15, 0, 10),C (0, 0, 15),求作 B、C 两点的三面投影图。作图过程如下。

① 在 OX 轴上量取 $Ob_x=15$ mm,定出 b_x 点,在 OZ 轴上量取 $Ob_z=10$ mm,定出 b_z 点,过 b_x 点作 OX 轴的垂线,过 b_z 点作 OZ 轴的垂线,得交点 b',如图 3.7 (a) 所示。

② 在 OZ 轴上量取 $Oc_z=15$ mm,定出 c_z 点,c'、c'' 与 c_z 点重合,c 与原点重合,如图 3.7 (b) 所示。

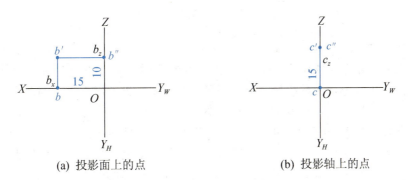

(a) 投影面上的点　　　　　　　　(b) 投影轴上的点

图 3.7　特殊位置点的三面投影

3.1.5　两点的相对位置与重影点

1. 两点的相对位置

两点的相对位置是指空间两点的前后、左右和上下关系,是根据两点相对于投影面的距离远近(或坐标值大小)来确定的。

① 按 X 坐标判别两点的左右关系,X 坐标大者在左,小者在右。

② 按 Y 坐标判别两点的前后关系,Y 坐标大者在前,小者在后。

③ 按 Z 坐标判别两点的上下关系，Z 坐标大者在上，小者在下。

在三面投影中，H 面投影反映的是前后、左右关系，V 面投影反映的是左右、上下关系，W 面投影反映的是前后、上下关系。因此，只要将两点的两个同名投影的坐标值加以比较，就可判断出两点的前后、左右、上下位置关系。

【例 3-5】 已知 C (22, 13, 23)，D (12, 20, 10)，能否根据坐标判断两点的相对位置。

解：X 坐标：$x_C > x_D$，则 C 点在 D 点的左方。Y 坐标：$y_C < y_D$，则 C 点在 D 点的后方。Z 坐标：$z_C > z_D$，则 C 点在 D 点的上方。故 C 点在 D 点的左、后、上方。

【例 3-6】 试判断 C、D 两点的相对位置，如图 3.8 (a) 所示。

解：结合图 3.8 (b)，从 H、V 面投影可以看出，$x_C > x_D$，则 C 点在 D 点左方；从 V、W 面投影看出，$z_C > z_D$，则 C 点在 D 点上方；从 H、W 面投影看出，$y_C < y_D$，则 C 点在 D 点后方。

总的来说，C 点在 D 点的左、后、上方，或 D 点在 C 点的右、前、下方。

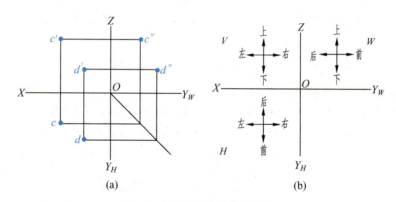

图 3.8 判别两点的相对位置

2. 重影点及可见性判断

当空间两点的某两个坐标相同，即空间两点位于同一条垂直于某投影面的投射线上时，则此两点在该投影面上的投影重合。这种投影在某一投影面上重合的两个点，称为该投影面的重影点。图 3.9 (a) 中 E、F 两点的 X 坐标和 Z 坐标相同，位于 V 面的一条投射线上，因此两点在 V 面的投影重合，E、F 两点为 V 面的重影点。

判断重影点的可见性时，需要看重影点在另一投影面上的投影，坐标值大的点投影可见，反之，坐标值小的点投影不可见，不可见的点的投影加括号表示。如图 3.9 (b) 所示，位于同一投射线上的 E、F 两点，在 V 面上的投影 e' 点和 f' 点重合，$Y_E < Y_F$，因此，在 V 面投影中 f' 点为可见，e' 点为不可见，在 e' 点上加括号以示区别。

【例 3-7】 已知 B 点在 A 点正左方 20 mm，C 点与 A 点是对 V 面的重影点，D 点在 A 点的正下方 20 mm，求各点的第三面投影，如图 3.10 所示。

作图过程如下。

① 首先已知 A 点的两面投影，根据点的投影规律，可求 A 点的水平投影 a 点。

② 由已知条件可知，A 点、B 点是 W 面的重影点，即 $y_A = y_B$，$z_A = z_B$。过 a' 点作水平线，向左量出 20 mm 即为 b' 点，过 a 点向左作水平线，由 b' 点作 OX 轴的垂线与过 a 点的水平线交于 b 点。

第 3 章　点、直线、平面的投影

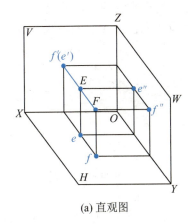

(a) 直观图

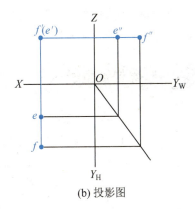

(b) 投影图

图 3.9　重影点

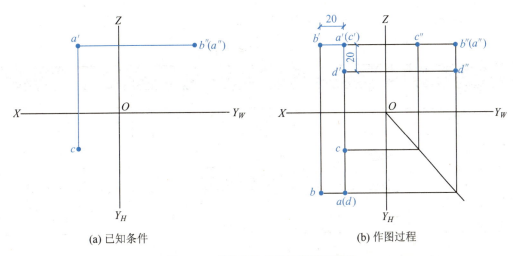

(a) 已知条件　　　　　　　　　　　(b) 作图过程

图 3.10　求作点的投影并判别可见性

③ C 点与 A 点是 V 面的重影点，故两点的 x 坐标和 z 坐标相同，c 点可求；比较 a、c 两点的 y 坐标，可知 A 点在前，与 C 点对 V 面重影，A 点的正面投影可见，C 点的正面投影不可见，故 c' 点加括号。

④ D 点在 A 点的正下方 20 mm，可知 D 点、A 点的 x、y 坐标相等，D 点与 A 点是对 H 面的重影点，D 点在下方，水平投影不可见，故 d 点加括号。过 a' 点作 OX 轴的垂线，向下量出 20 mm 即为 D 点的正面投影 d' 点，然后根据 D 点的两面投影作第三面投影。

3.2　直线的投影

两点可以确定一条直线，直线的投影是直线上任意两点同面投影的连线。直线的投影一般情况下仍是直线，特殊情况下投影为一个点。作某一直线的投影时，只要作出该直线上两个端点的三面投影,再将两端点的同面投影相连,即得直线的三面投影。

根据直线相对于投影面的位置不同,直线可以分为3种:投影面平行线、投影面垂直线、一般位置直线。前两种又称特殊位置直线。

3.2.1 特殊位置直线

投影面平行线

1. 投影面平行线

(1) 空间位置

平行于一个投影面,而倾斜于另外两个投影面的直线,称为投影面平行线。投影面平行线有以下3种位置。

① 水平线——平行于 H 面,倾斜于 V、W 面,见表 3-1 中 AB 线。

② 正平线——平行于 V 面,倾斜于 H、W 面,见表 3-1 中 CD 线。

③ 侧平线——平行于 W 面,倾斜于 H、V 面,见表 3-1 中 EF 线。

表 3-1 投影面平行线

名称	水平线（∥H 面）	正平线（∥V 面）	侧平线（∥W 面）
直观图			
投影图			
投影特性	① H 面投影倾斜,ab = AB,ab 与投影轴的夹角为 β、γ ② V 面、W 面投影短于实长,$a'b'$∥OX,$a''b''$∥OY_W	① V 面投影倾斜,$c'd'$ = CD,$c'd'$ 与投影轴的夹角为 α、γ ② H 面、W 面投影短于实长,cd∥OX,$c''d''$∥OZ	① W 面投影倾斜,$e''f''$ = EF,$e''f''$ 与投影轴的夹角为 α、β ② H 面、V 面投影短于实长,ef∥OY_H,$e'f'$∥OZ

(2) 投影特性

综合表 3-1 中水平线、正平线、侧平线的投影规律,可归纳出投影面平行线的投影特性如下。

① 在直线所平行的投影面上的投影倾斜于投影轴且反映实长，该投影与投影轴的夹角（α、β、γ）反映直线对另两个投影面的真实倾角。

② 另两个投影分别平行于平行投影面所包含的两个投影轴，且短于实长。

2. 投影面垂直线

（1）空间位置

垂直于一个投影面，而平行于另外两个投影面的直线，称为投影面垂直线。投影面垂直线有以下 3 种位置。

① 铅垂线——垂直于 H 面，平行于 V、W 面，见表 3-2 中 AB 线。

② 正垂线——垂直于 V 面，平行于 H、W 面，见表 3-2 中 CD 线。

③ 侧垂线——垂直于 W 面，平行于 H、V 面，见表 3-2 中 EF 线。

投影面垂直线

表 3-2　投影面垂直线

名称	铅垂线（⊥H 面）	正垂线（⊥V 面）	侧垂线（⊥W 面）
直观图			
投影图			
投影特性	①H 面投影积聚为一点 a（b） ②V 面、W 面投影等于实长，且 $a'b'\perp OX$，$a''b''\perp OY_W$	①V 面投影积聚为一点 c'（d'） ②H 面、W 面投影等于实长，且 $cd\perp OX$，$c''d''\perp OZ$	①W 面投影积聚为一点 e''（f''） ②H 面、V 面投影等于实长，且 $ef\perp OY_H$，$e'f'\perp OZ$

（2）投影特性

综合表 3-2 中铅垂线、正垂线、侧垂线的投影规律，可归纳出投影面垂直线的投影特性如下。

① 在直线所垂直的投影面上的投影积聚为一点。
② 另两个投影等于实长,且分别垂直于垂直投影面所包含的两个投影轴。

3.2.2 一般位置直线

1. 空间位置

如图 3.11 所示,对 3 个投影面都倾斜的直线,称为<u>一般位置直线</u>。

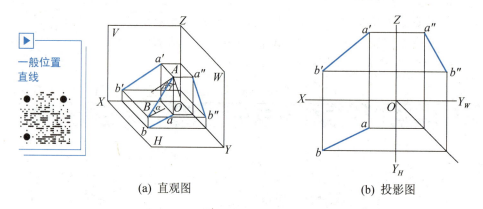

(a) 直观图   (b) 投影图

图 3.11 一般位置直线的投影

2. 投影特性

① 3 个投影都倾斜于投影轴,且小于实长。
② 3 个投影与投影轴的夹角都不反映该直线对各投影面的真实倾角。

3.2.3 各种位置直线投影图的识读

根据上述各种位置直线的投影特性,可判别出直线与投影面的相对位置。

① 投影面平行线的识读:在直线的 3 个投影中,仅有 1 个投影倾斜于投影轴,即可判别该直线为投影面平行线,且平行于倾斜投影所在的投影面。

② 投影面垂直线的识读:在直线的 3 个投影中,有 1 个投影积聚为 1 个点,即可判别该直线为投影面垂直线,且垂直于积聚投影所在的投影面。

③ 一般位置直线的识读:在直线的 3 个投影中,若有 2 个投影倾斜于投影轴,即可判别该直线为一般位置直线。

【例 3-8】 已知 A 点的三面投影如图 3.12(a)所示,AB 为水平线,长 15 mm,且 B 点在 A 点的右前方,$\beta=30°$,求作直线 AB 的投影。

作图过程如下。

① 在 H 面投影中,过 a 点作一条与 OX 轴夹角为 $30°$ 的直线,从 a 点沿所作直线往右前方量取 15 mm,即为 b 点。

② 自 b 点向上引垂线与过 a' 点作 OX 轴的平行线交于 b' 点,再利用点的投影规律求出 b'' 点。

③ 将 A、B 两点的各面同名投影连线，即为直线 AB 的三面投影，如图 3.12（b）所示。

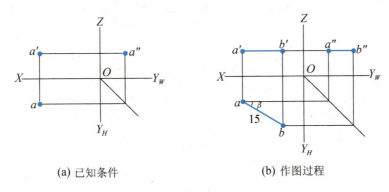

(a) 已知条件　　　　　　(b) 作图过程

图 3.12　直线的三面投影

3.2.4　直线上点的投影特性

【例 3-9】　如图 3.13（a）所示，已知直线 AB 的两面投影，在 AB 上取 C 点、D 点，C 点距 H 面 10 mm，D 点分割直线 AB 成 AD∶DB＝3∶1，作 C 点、D 点的两面投影。

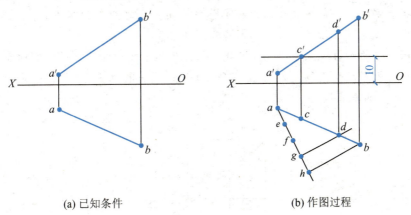

(a) 已知条件　　　　　　(b) 作图过程

图 3.13　作直线上点的两面投影

作图过程如下。

① 在 OX 轴之上 10 mm 处作水平线，与 $a'b'$ 交于 c' 点。

② 由 c' 点作 X 轴的垂线，与 ab 交于 c 点。

③ 从 a 点作任意方向的直线，在其上由 a 点开始任取长度单位并顺次量取四个单位，得 e、f、g、h 点；连接 h 点和 b 点，由 g 点作 hb 的平行线，与 ab 交于 d 点。

④ 由 d 点作 X 轴的垂线，与 $a'b'$ 交于 d' 点。

【例 3-10】　已知 A 点的三面投影，如图 3.14（a）所示，过 A 点向右上方作一正平线 AB，使其实长为 25 mm，与 H 面的倾角为 α＝30°，求作直线 AB 的三面投影。

作图过程如下。

① 在 V 面投影中，过 a' 点作一条与 OX 轴成 30°夹角的直线，从 a' 点沿所作直线向右上方量取 25mm，即为 b' 点。

② 自 b' 点向下引垂线，与过 a 点作 OX 轴的平行线交于 b 点，再利用点的投影规律求出 b'' 点。

③ 将 A、B 两点的各面同名投影连线，即为直线 AB 的三面投影，如图 3.14（b）所示。

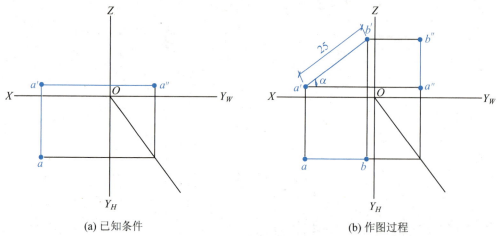

(a) 已知条件　　　　　　　　　　　(b) 作图过程

图 3.14　作直线的投影

 **特别提示**

（1）将教室的一个角想象成三面投影体系，用一支笔分别放置成铅垂线、正垂线、侧垂线、水平线、一般位置直线，分析其投影特性。

（2）长方体的对角线是一般位置直线，长方体各个面的对角线是投影面平行线，长方体的棱线是投影面垂直线。如图 3.15 所示，AB 是一般位置直线，AC 是投影面平行线，DB 是投影面垂直线。

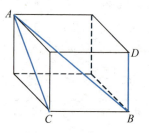

图 3.15　直线的三面投影

3.3　平面的投影

3.3.1　平面的表示方法

平面的空间位置可用下列几何元素来确定和表示。

(1) 不在同一直线的 3 个点，如图 3.16（a）所示的 A、B、C 点。
(2) 一直线及线外一点，如图 3.16（b）所示的 A 点和直线 BC。
(3) 相交两直线，如图 3.16（c）所示的直线 AB 和 AC。
(4) 平行两直线，如图 3.16（d）所示的直线 AB 和 CD。
(5) 平面图形，如图 3.16（e）所示的 △ABC。

通过上述每一组元素，只能作出唯一的一个平面。为了明显起见，通常用一个平面图形来表示平面，如果说平面图形 ABC，则是指在三角形 ABC 范围内的那一部分平面；如果说平面 ABC，则应理解为通过三角形 ABC 的一个无限广阔的平面。

平面通常是由点和线或线和线所围成。因此，求作平面的投影，实质上也是求作点和线的投影。

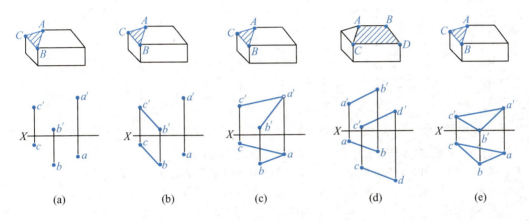

图 3.16 平面的表示方法

3.3.2 平面的 3 种空间位置

1. 投影面平行面

（1）空间位置

平行于一个投影面，而垂直于另外两个投影面的平面，称为 投影面平行面。投影面平行面有以下 3 种位置。

① 水平面——平行于 H 面，垂直于 V、W 面，见表 3-3 中平面 P。
② 正平面——平行于 V 面，垂直于 H、W 面，见表 3-3 中平面 Q。
③ 侧平面——平行于 W 面，垂直于 H、V 面，见表 3-3 中平面 R。

（2）投影特性

综合表 3-3 中水平面、正平面、侧平面的投影规律，可归纳出投影面平行面的投影特性如下。

① 平面在所平行的投影面上的投影反映实形。
② 在另两个投影面上的投影积聚为一直线，且分别平行于平行投影面所包含的两个投影轴。

投影面平行面

表3-3 投影面平行面

名称	水平面（∥H面）	正平面（∥V面）	侧平面（∥W面）
直观图	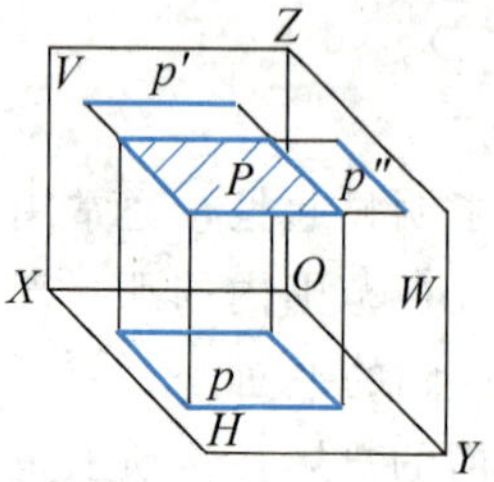	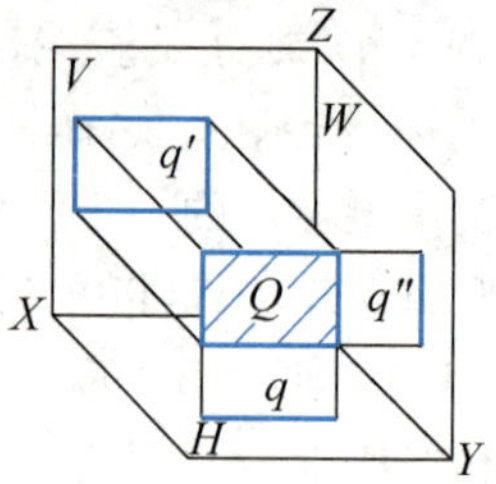	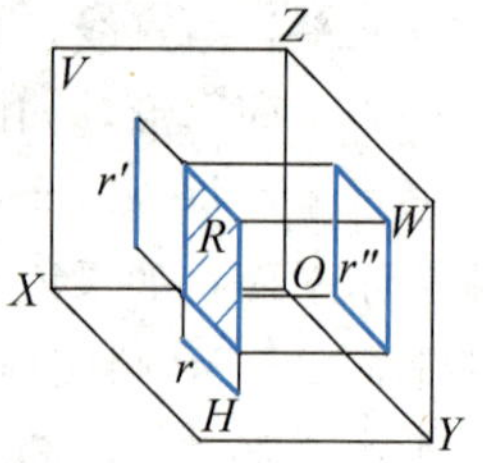
投影图	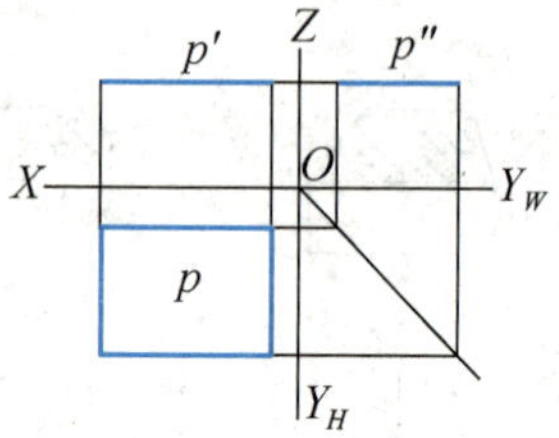	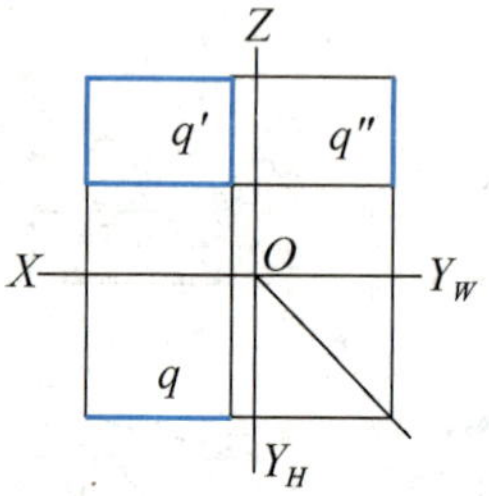	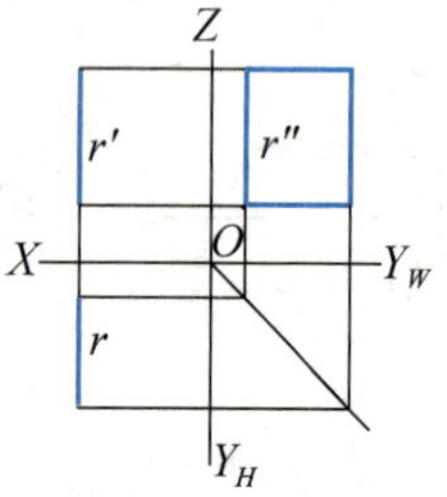
投影特性	①H面投影p反映实形 ②V面、W面投影积聚为一条直线，且 $p'//OX$，$p''//OY_W$	①V面投影q'反映实形 ②H面、W面投影积聚为一条直线，且 $q//OX$，$q''//OZ$	①W面投影r''反映实形 ②H面、V面投影积聚为一条直线，且 $r//OY_H$，$r'//OZ$

2. 投影面垂直面

（1）空间位置

垂直于一个投影面，而倾斜于另外两个投影面的平面，称为<u>投影面垂直面</u>。投影面垂直面有以下3种位置。

① <u>铅垂面</u>——垂直于H面，倾斜于V、W面，见表3-4中平面P。

② <u>正垂面</u>——垂直于V面，倾斜于H、W面，见表3-4中平面Q。

③ <u>侧垂面</u>——垂直于W面，倾斜于H、V面，见表3-4中平面R。

投影面垂直面

（2）投影特性

综合表3-4中铅垂面、正垂面、侧垂面的投影规律，可归纳出投影面垂直面的投影特性如下：

① 平面在所垂直的投影面上的投影积聚为一条倾斜于投影轴的直线，该直线与投影轴的夹角反映空间平面对另外两个投影面的倾角。

② 在另外两个投影面上的投影为原平面图形的几何类似形，且小于实形。

3. 一般位置平面

（1）空间位置

对3个投影面都倾斜的平面，如图3.17所示，称为<u>一般位置平面</u>。

一般位置平面

表 3-4 投影面垂直面

名称	铅垂面（⊥H 面）	正垂面（⊥V 面）	侧垂面（⊥W 面）
直观图			
投影图			
投影特性	①H 面投影 p 积聚为一倾斜直线 ②V 面、W 面投影为原平面图形的几何类似形，且小于实形	①V 面投影 q' 积聚为一倾斜直线 ②H 面、W 面投影为原平面图形的几何类似形，且小于实形	①W 面投影 r'' 积聚为一倾斜直线 ②H 面、V 面投影为原平面图形的几何类似形，且小于实形

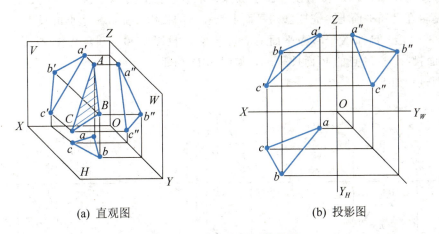

(a) 直观图　　　　　　　　(b) 投影图

图 3.17　一般位置平面的投影

（2）投影特性

3 个投影都没有积聚性，均为原平面图形的几何类似形，且小于实形。

3.3.3 各种位置平面投影图的识读

根据上述各种位置平面的投影特性,可判别出平面与投影面的相对位置。

① 投影面平行面的识读:在平面的3个投影中,有1个投影积聚为平行于投影轴的直线,即可判别该平面为投影面平行面,且平行于非积聚投影所在的投影面,可归纳为"一框两线,框在哪面,平行哪面"。

② 投影面垂直面的识读:在平面的3个投影中,有1个投影积聚为倾斜于投影轴的直线,即可判别该平面为投影面垂直面,且垂直于积聚投影所在的投影面,可归纳为"一线两框,线在哪面,垂直哪面"。

③ 一般位置平面的识读:在平面的3个投影中,3个投影均为平面图形,即可判别该平面为一般位置平面,可归纳为"三框定是一般面"。

3.3.4 平面上点和线的投影

1. 平面上的点

点在平面上的几何条件是:若点在平面内的任一条直线上,则此点一定在该平面上。

2. 平面上的直线

直线在平面上的几何条件如下。

① 一条直线若通过平面上的两个点,则此直线必定在该平面上。

② 一条直线若通过平面上的一个点且平行该平面上的另一条直线,则此直线必定在该平面上。

在平面上取点必先取线,而在平面上取线又离不开在平面上取点,因此在平面上取点、取线互为作图条件。利用在平面上取点、取线作图,可以解决3类问题:判别已知点、线是否在已知平面上;完成已知平面上点和线的投影;完成多边形的投影。

【例3-11】 已知△ABC及平面上空间点K的投影k'和空间点N的投影n,求作K点的H面投影k,N点的V面投影n',如图3.18所示。

作图过程如下。

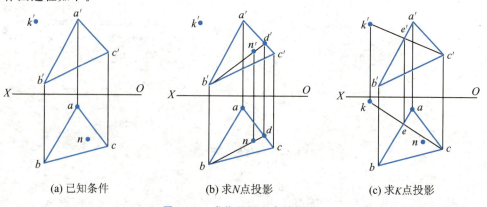

(a) 已知条件   (b) 求N点投影   (c) 求K点投影

图3.18 求作平面上点的投影

① 连接 b、n 两点，延长交线段 ac 于 d 点，过 d 点作 OX 轴垂线交线段 a'c' 于 d' 点，连接 b'、d' 两点，过 n 点作 OX 轴垂线交线段 b'd' 于 n' 点，n' 点即为所求，如图 3.18（b）所示。

② 连接 k'、c' 两点，交线段 a'b' 于 e' 点，过 e' 点作 OX 轴垂线交线段 ab 于 e 点，连接 c、e 两点并延长，过 k' 点作 OX 轴垂线交线段 ce 的延长线于 k 点，k 点即为所求，如图 3.18（c）所示。

过平面内一点可以在平面内作无数条直线，任取一条过该点且属于该平面的已知直线，则点的投影一定落在该直线的同面投影上。

【例 3-12】 已知铅垂面 △ABC 的两面投影，空间点 M 在该铅垂面上，求 M 点的水平投影 m 点，如图 3.19 所示。

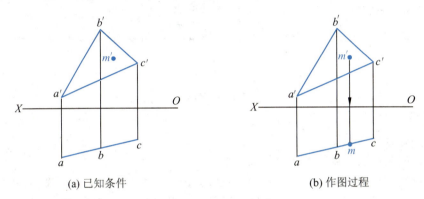

(a) 已知条件　　　　(b) 作图过程

图 3.19　求作平面上点的投影

投影解析：因为特殊位置的平面在它所垂直的投影面上的投影积聚成一直线，所以特殊位置平面上的点、直线和平面图形在该平面所垂直的投影面上的投影，都位于这个平面的有积聚性的同面投影上。故本题 M 点在铅垂面上，M 点的水平投影即在铅垂面的水平投影上，过 m' 点向 OX 轴作垂线，延长交 ac 于 m 点，m 点即为所求，如图 3.19（b）所示。

【例 3-13】 在 △ABC 上作一水平线，距 H 面 12 mm，如图 3.20（a）所示。
作图过程如下：
① 在 V 面作一直线距 OX 轴 12 mm，分别交 a'b' 于 m' 点、交 a'c' 于 n' 点。
② 自 m' 点向下作垂线交 ab 于 m 点，自 n' 点向下作垂线交 ac 于 n 点，连接 mn，则水

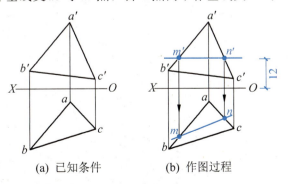

(a) 已知条件　　(b) 作图过程

图 3.20　求作平面上水平线的投影

平线 MN 的投影即为所求，如图 3.20（b）所示。

本章回顾

本章主要介绍以下几点。

（1）点的投影规律及作图方法，点的坐标（x，y，z）与投影的关系，两点相对位置的判断。

（2）各种位置直线的投影特性及识读。

（3）平面的表示方法，各种位置平面的投影特性及识读，平面上点和直线的投影作图。

想一想

1. 点的投影规律是什么？
2. 如何判断空间两点间的相对位置关系？
3. 按直线与投影面的相对位置不同，直线分为哪几种？它们各自的投影特性是什么？
4. 按平面与投影面的相对位置不同，平面分为哪几种？它们各自的投影特性是什么？
5. 已知直线或平面的两面投影，怎样判别直线或平面属于哪一种直线或平面？

第 **4** 章 基本形体的投影

思维导图

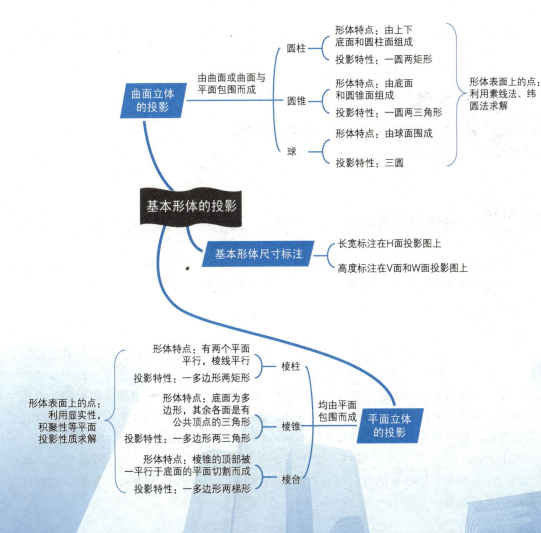

引言

在介绍点、线、面的投影后，将介绍形体的投影。对于形体的学习，依然遵循由简单到复杂的步骤进行，先学习最简单的形体及其被截切后的投影，之后学习组合体的投影。

分析一般的建筑物，不难看出，它们都是由一些几何体组成。图 4.1 所示的房屋是由棱柱、棱锥等组成。这些简单而又规则的几何体，如棱柱、棱锥、圆柱、圆锥、球等被称为基本形体。根据表面性质的不同，基本形体分为平面立体与曲面立体两类。

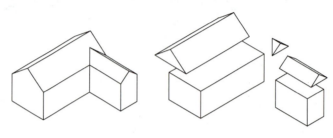

图 4.1　房屋形体的分析

请思考：这些基本形体的投影如何画？它们表面上的点和线投影与形体投影的关系如何？

4.1　基本形体的投影图

4.1.1　平面立体的投影

表面都是由平面所构成的立体，称为平面立体。平面立体的三视图就是各平面投影的集合或平面与平面交线的投影集合。常见的平面立体有棱柱、棱锥与棱台。

1. 棱柱

（1）投影

有两个平面互相平行，其余各平面都是四边形，并且每相邻两个四边形的公共边都互相平行，由这些平面所围成的基本形体称为棱柱。棱柱中两个互相平行的面，称为棱柱的底面。棱柱中除两个底面以外的其余各个面都称为棱柱的侧面。棱柱中两个侧面的公共边称为棱柱的侧棱。棱柱中侧面与底面的公共顶点称为棱柱的顶点。侧棱垂直于底面的棱柱称为直棱柱，侧棱不垂直于底面的棱柱称为斜棱柱，本书只讨论直棱柱。

图 4.2（a）所示是一个六棱柱，上下底面是水平面（六边形），前、后面是正平面（长方形），左右 4 个侧面是铅垂面（长方形）。将棱柱向 3 个投影面进行正投影，得到的三面投影图，如图 4.2（b）所示。

第4章 基本形体的投影

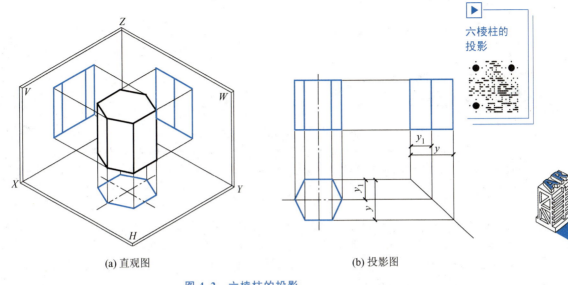

(a) 直观图　　　　　　　　　　(b) 投影图

图 4.2　六棱柱的投影

 特别提示

> 由于投影轴是假想的，因此投影轴不需要画出。

分析三面投影图可知：

水平投影是一个六边形。从形体的平面投影的角度看，它可以看作上下底面的重合投影（上底面可见，下底面不可见），并反映实形，六边形各边也可以看作垂直于 H 面的 6 个侧面的积聚投影；从形体棱线投影的角度看，6 条侧棱的投影积聚在六边形的 6 个顶点上。

正面投影是 3 个矩形组合而成的大矩形。中间矩形是前后侧面的投影，反映实形；左右 2 个矩形是侧面的投影，不反映实形；上下底面的投影积聚成中间矩形最上、最下的两条横边线，不反映实长；4 条铅垂线是 6 条棱线的投影，反映实长。

侧面投影是 2 个矩形组合而成的大矩形。左右 2 个矩形是左右 4 个侧面的重合投影（左面可见，右面不可见），均不反映实形，前侧面的投影积聚在长方形的右边上，后侧面的投影积聚在长方形的左边上，上下底面的投影积聚为最大矩形上、下两条边线。3 条铅垂线是两两侧棱的重合投影，反映实长。

 特别提示

> 由于棱柱摆放的位置、朝向不同，因此其三面投影图均可能有所不同。以下其他形体的投影也是如此，不再提示。

(2) 表面上的点

由于棱柱是由平面围成的，因此棱柱表面上点的投影特性与平面上点的投影特性是相同的，不同的是棱柱表面上的点存在可见性的问题。此处规定不可见的点的投影用括号括起来，如【例 4-1】图 4.3 所示。

特别提示

形体上有些平面是投影面的垂直面，对于投影面垂直面上的点，只有最上或最前或最左边缘上的点才是可见的，其他边缘或平面内部的点都是不可见的。

在棱柱表面上求点，要根据已知点的投影位置和可见性判别点在哪个表面上。由于放置的关系，一般棱柱的表面有积聚性，可以根据点的投影规律求出该点的其余两投影。

【例 4-1】 如图 4.3（a）所示，已知六棱柱表面上的 A 点、B 点和 C 点的正面投影，要求作出它们的水平投影和侧面投影。

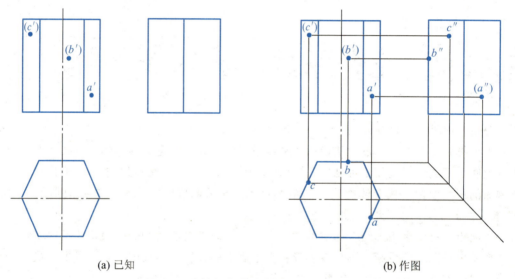

(a) 已知　　　　　　　　　　　　(b) 作图

图 4.3　在棱柱表面上定点——利用积聚性

投影分析如下。

从图 4.3（a）中可以看出，A 点在六棱柱右前侧面（铅垂面）上，B 点在后侧面（正平面）上，C 点在左后侧面（铅垂面）上，利用六棱柱侧面的水平投影具有积聚性这一特性可求出空间点 A、B、C 的水平投影。

作图过程如下。

过 c' 点向下作垂线，交水平投影六边形的左后边于一点，该点即为 c 点，同理可求 b 点和 a 点，再根据"二补三"求出侧面投影。

2. 棱锥

(1) 投影

如果一个平面立体的一个面是多边形，其余各面是有一个公共顶点的三角形，那么这

个多面体就称为棱锥。棱锥中的多边形称为棱锥的底面,棱锥中除底面以外的各个面都称为棱锥的侧面,相邻侧面的公共边称为棱锥的侧棱,各个侧面的公共顶点称为棱锥的顶点,顶点到底面的垂直距离称为棱锥的高。

图 4.4 (a) 所示的三棱锥中,底面是水平面(△ABC),后侧面是侧垂面(△SAC),左、右两个侧面是一般位置平面(△SAB 和△SBC)。把三棱锥向 3 个投影面作正投影,得三面投影图,如图 4.4 (b) 所示。

从三面投影图中可以看出:水平投影由 4 个三角形组成,分别是三棱锥的 4 个面形成的,其中△sab 是左侧面△SAB 的投影,△sbc 是右侧面△SBC 的投影,△sac 是后侧面△SAC 投影,△abc 是底面△ABC 的投影。因为底面是水平面,所以其投影△abc 反映实形,其他 3 个侧面的水平投影都不反映实形。

正面投影由 3 个三角形组成,△s'a'b' 是左侧面△SAB 的投影,△s'b'c' 是右侧面△SBC 的投影,△s'a'c' 后侧面△SAC 的投影,它们均不反映实形。下面的一条横线 a'b'c' 是底面△ABC 的投影(有积聚性)。

侧面投影是一个三角形,它是左、右两个侧面的投影(左右重影),不反映实形,后侧面的投影积聚为一条线 s''a''(c''),底面的投影积聚为线 a''(c'') b''。

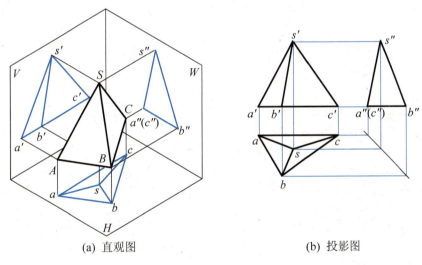

(a) 直观图   (b) 投影图

图 4.4 三棱锥的投影

(2) 表面上的点

由于棱锥的表面不一定是特殊平面,因此在棱锥表面上定点,如果点在一般性平面上,需要在所处的平面上作辅助线,然后在辅助线上作出点的投影。

【例 4-2】 如图 4.5(a)所示,已知三棱锥表面上的 D 点、N 点和 K 点的正面投影,作出它们的水平投影和侧面投影。

投影分析如下。

K 点在棱线 SA 上;D 点在左侧面△SAB 上,N 点在后侧面△SAC 上,作出辅助线,画出它们的正面投影和侧面投影。

作图过程如下。

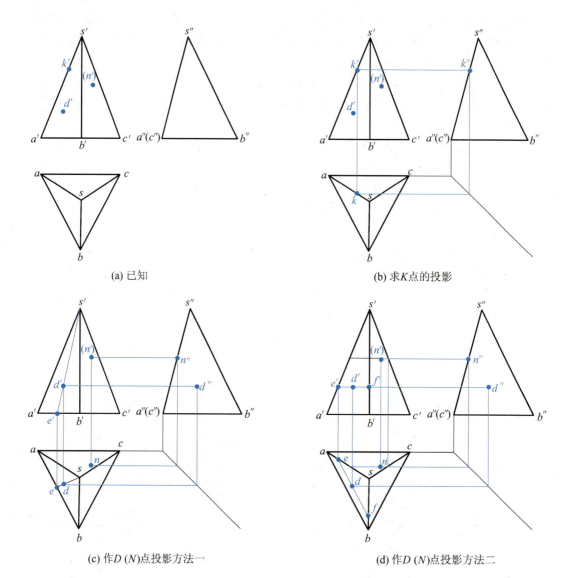

(a) 已知　　　　　　　　　　　　(b) 求K点的投影

(c) 作D(N)点投影方法一　　　　　(d) 作D(N)点投影方法二

图 4.5　在棱锥表面上定点——辅助线法

K 点在棱线 SA 上，过 k' 点向下作垂线交线段 sa 于一点，该点即为 k 点，利用三等关系求出 k"点，如图 4.5（b）所示。作 D 点的另两面投影方法如下。

方法一：连接 s'、d' 两点，延长交线段 a'b' 于 e' 点，过 e' 点向下作 OX 轴垂线，交线段 ab 于 e 点，连接 s、e 两点，过 d' 点向 OX 轴作垂线，延长交线段 se 于一点，该点即为 d 点，如图 4.5（c）所示。

方法二：过 d' 点作线段 a'b' 的平行线，交线段 s'a' 于 e' 点，交线段 s'b' 于 f' 点，过 e' 点向下作 OX 轴垂线，交线段 sa 于 e 点，过 e 点作 ab 的平行线，交线段 sb 于 f 点，过 d' 点向下作垂线，交线段 ef 于一点，该点即为 d 点，如图 4.5（d）所示。

作 N 点的另两面投影方法同 D 点。

作出 d 点和 n 点的侧面投影。对于侧面投影，可以继续用辅助线求出，也可直接采用"二补三"求出。

 **特别提示**

对于形体表面的线,只要将同一表面上两个点的投影求出,直接连接即可。

3. 棱台

棱台是棱锥的顶部被一平行于底面的平面切割后形成的,其顶面和底面为相似多边形平面。图 4.6 所示为一四棱台的三面投影。

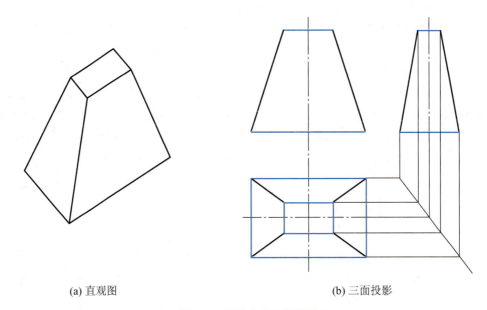

(a) 直观图　　　　　　　　　　　(b) 三面投影

图 4.6　四棱台的三面投影

特别提示

判断一个几何体是不是棱台,既要判断两个底面的对应边是否相互平行,又要判断侧棱延长线是否交于一点。

4.1.2　曲面立体的投影

曲面立体是由曲面或由曲面与平面包围而成的立体。工程中应用较多的是回转体,如圆柱、圆锥和球等。

回转面是由一根动线(曲线或直线)绕一固定轴线旋转一周所形成的曲面,该动线称为母线,母线在回转面上的任意位置称为素线,母线上任意一点的轨迹称为纬线圆,纬线圆垂直于轴线。

1. 圆柱

圆柱是由上、下底面和圆柱面组成的。圆柱面可以看成一条直线（母线）和一条与其平行的直线（轴线）旋转一周而成。圆柱面上任意平行于轴线的直线都称为素线。

（1）投影

如图 4.7（a）所示，直立的圆柱轴线是铅垂线，上、下底面是水平面，向 3 个投影面作投影，得到的投影如图 4.7（b）所示。

水平投影是一个圆，是上、下底面的重合投影，反映实形。同时，圆周也是圆柱面的投影（积聚投影）。

正面投影是一个矩形，是前半个圆柱面和后半个圆柱面的重合投影，上、下两条横线是上、下两个底面的积聚投影，左、右两条竖线是圆柱面上最左和最右两条轮廓素线 AB 和 CD 的投影，两条素线的水平投影分别积聚为两个点 a（b）和 c（d），在侧面投影中与轴线的投影重合。

侧面投影也是一个矩形，是左半个圆柱面和右半个圆柱面的重合投影，上、下两条横线是上、下两个底面的积聚投影，左、右两条竖线是圆柱面上最后和最前两条轮廓素线 GH 和 EF 的投影，两条素线的水平投影分别积聚为两个点 g（h）和 e（f），在正面投影中与轴线的投影重合。

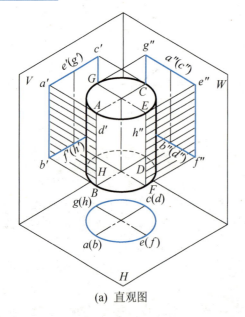 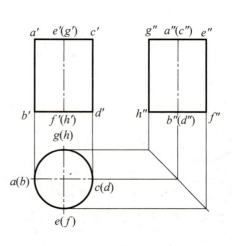

(a) 直观图　　　　　　　　　　　　(b) 投影图

图 4.7　圆柱的投影

（2）表面上的点和线

在圆柱表面上定点，可以利用圆柱表面投影的积聚性来作图。

【例 4-3】 如图 4.8（a）所示，已知圆柱的三面投影及其表面上过 a、b、c、d 点的曲线（注意：不是直线）在正面上的投影，求该曲线的水平投影和侧面投影。

投影分析如下。

由于 4 个点及直线都在圆柱面上，因此可以利用圆柱面水平投影的积聚投影，先作出它们的水平投影，再用"二补三"作出侧面投影。

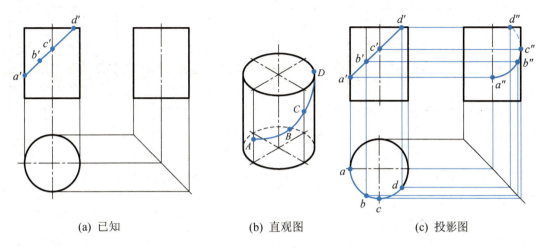

(a) 已知　　　　　(b) 直观图　　　　　(c) 投影图

图 4.8　圆柱表面的点和线

作图过程如下。

① a 点是最左轮廓素线上的点，因此，可以确定水平投影 a 点在横向点画线与圆周的左面交点处（即最左轮廓素线的积聚投影上），侧面投影 a'' 点在点画线上（与轴线重合）。

② c 点是最前素线上的点，水平投影 c 点在竖向点画线与圆周的前面交点处，侧面投影 c'' 点在轮廓线上。

③ b 点和 d 点的投影可先从正面投影 b' 点和 d' 点向下引投射线并与前半个圆周相交，即得水平投影 b 点和 d 点，再用"二补三"作出侧面投影 b'' 点和 d'' 点（a 点和 c 点也可以如此求出）。

④ 曲线的水平投影 $abcd$ 是积聚在圆周上的一段圆弧。侧面投影 $a''b''c''d''$ 是连接 a''、b''、c''、d'' 各点的一段光滑曲线，由于 a、b 两个点在左半个圆柱面上，d 点在右半个圆柱面上，c 点在两者中间，因此曲线在 $a''b''c''$ 段处可见，连实线；$c''d''$ 段处不可见，连虚线。

特别提示

对于曲面立体表面的线，首先要判断是直线还是曲线。曲面立体表面曲线的投影在某些投影面可能是直线。对于曲线的投影作图，应多求出一些点的投影，再圆滑地连接。

【例 4-4】　如图 4.9（a）所示，已知圆柱的三面投影及其表面上过 a'、b'、c' 三点的曲线（注意：不是直线）在正面上的投影，求该曲线的水平投影和侧面投影。

投影分析如下。

由于 3 个点及曲线都在圆柱面上，因此可以利用圆柱面水平投影的积聚性，先作出它们的水平投影，再用"二补三"作出侧面投影。

作图过程如下。

① $a'b'$ 平行于底面，可知 AB 所在平面平行于圆柱底面，为水平面，A 点在最左轮廓

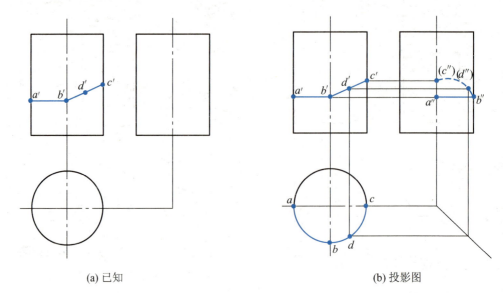

(a) 已知　　　　　　　　　　　　　　　　(b) 投影图

图 4.9　圆柱表面的点和线

素线上，B 在最前轮廓素线上，故 a、b 点可求，根据再用"二补三"作出侧面投影 a'' 点和 b'' 点。

② $b'c'$ 为一条斜线，由图可知是在柱面上的一条倾斜曲线，在 $b'c'$ 上做一辅助点 d' 点，分别过 b'、c'、d' 点向 OX 轴作垂线，与前半个圆柱曲面的积聚投影交于 3 个点，这 3 个点即为 b、c、d 点，再用"二补三"作出侧面投影。曲线在 $a''b''$ 段处可见，$a''b''$ 连实线；$b''c''$ 段处不可见，连虚线。

2. 圆锥

圆锥是由底面和圆锥面组成的。圆锥面可看成由一条直线（母线）绕与其相交的轴线回转而成。

（1）投影

当圆锥如图 4.10（a）所示放置时，圆锥的轴线是铅垂线，底面是水平面，其三面投影如图 4.10（b）所示。

水平投影是一个圆，是圆锥面和底面的重合投影，反映底面的实形，圆心是锥顶的投影。

正面投影是一个三角形，是前半个圆锥面和后半个圆锥面的重合投影。三角形的左右两边 $s'a'$、$s'b'$ 是圆锥最左和最右两条轮廓素线 SA 和 SB 的投影，这两条轮廓素线在侧面投影中与中轴线的投影重合。三角形底边是圆锥底面的积聚投影。

侧面投影也是一个三角形，是左半个圆锥面和右半个圆锥面的重合投影，三角形的左右两边 $s''d''$、$s''c''$ 是圆锥最后和最前两条轮廓素线 SD 和 SC 的投影，这两条轮廓素线在正面投影中与中轴线的投影重合。三角形底边是圆锥底面的积聚投影。

（2）表面上的点和线

对于在轮廓素线或底面圆周等特殊位置的点，可以运用对应关系直接求得投影。如图 4.11 所示，e 点在最右轮廓素线上，侧面投影中对应在中轴线上，水平投影对应在水平的直径上；f 点在最前轮廓素线上，侧面投影中对应在三角形最右边，水平投影在竖直

圆锥体建筑

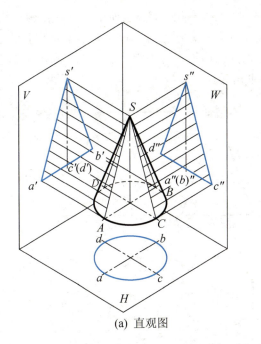
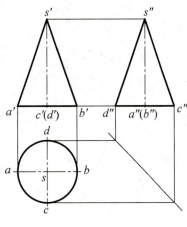

(a) 直观图　　　　　　　　　(b) 投影图

图 4.10　圆锥的投影

直径上；g 点在圆周上，可先在水平投影中的圆周上找到投影，再进行"二补三"找到侧面投影。

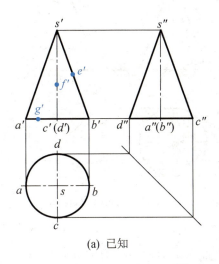
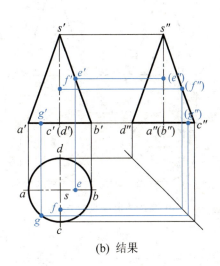

(a) 已知　　　　　　　　　(b) 结果

图 4.11　圆锥表面的点

对于在圆锥面上的一般位置的点，由于圆锥面在 3 个投影面上的投影都没有积聚性，必须采用辅助线作图。采用素线作为辅助线的作图方法称为**素线法**；采用垂直于轴线的圆作为辅助线的作图方法称为**纬圆法**，也称**辅助圆法**。

(1) 素线法。对于圆锥面上的一般位置的 h 点 [图 4.12 (a)]，已知圆锥的三面投影及 h 点的正面投影 h′，如图 4.12 (b) 所示，求 h 点的水平投影和侧面投影。辅助线如图 4.12 (c) 所示，是过顶点 s 的素线 se。

具体作图如图 4.12（c）所示，连接 s' 点和 h' 点的延长交底面于 e' 点，作辅助线 $s'e'$，自 e' 点向下作垂线，交水平投影前半个圆周于 e 点，连接 se，再由 h' 点向下作垂线，与 se 相交，即可求出 h 点的水平投影。对于 h 点的侧面投影可采用"二补三"求出。如果再采用素线法也可，如图 4.12（d）所示，先求出 e'' 点，连接 $s''e''$ 为辅助线，再求出 h'' 点。

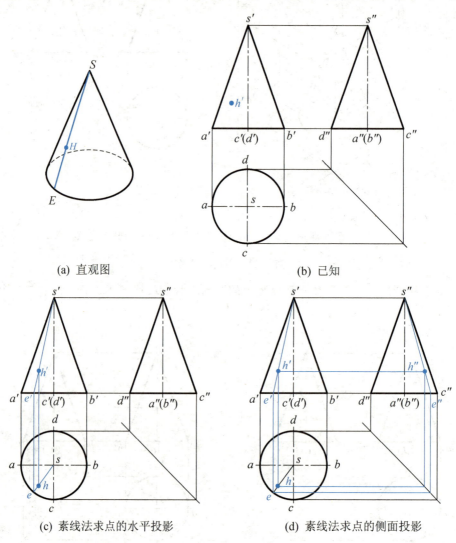

(a) 直观图　　　　　　　　　　(b) 已知

(c) 素线法求点的水平投影　　　(d) 素线法求点的侧面投影

图 4.12　素线法求点的投影

（2）纬圆法。如图 4.13（a）所示，为求圆锥面上的一般位置的 h 点，用一个过已知点的与底面平行的平面截切圆锥，得到的交线是一个圆，即纬线圆。这个纬线圆的圆心在底面上的投影与圆锥锥顶的投影是重影的。已知圆锥的三面投影及 h 点的正面投影[图 4.13（b）]，求 h 点的水平投影和侧面投影。

具体作图如图 4.13（c）所示，首先在正面投影中作出过已知点的纬圆的投影，由于纬圆所在平面是水平面，因此在正投影面积聚为一条线。在正面投影上过 h' 点作水平线，交 $s'a'$ 于 e' 点，则 h 点和 e 点都是纬圆上的点。为了作出纬圆在水平面上的投影，将 e' 点向下作投射线交 sa 于 e 点，以 s 点为圆心、以 e 点为圆上一点作纬圆，然后由 h' 点向下作投射线与纬圆相交,由于 h 点在前半个圆锥面上,因此在两个交点中选择前面的交点作为 h 点投影。最后进行"二补三"求出侧面的投影 h″ 点,如图 4.13(d)所示。

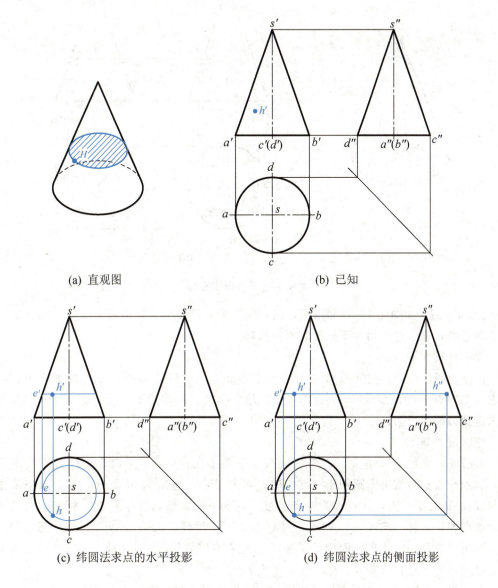

图 4.13 纬圆法求点的投影

对于在圆锥面上的线,除了素线是直线外,其他线条都是曲线,以下示范求曲线的作图过程,如图 4.14 所示,已知在圆锥表面曲线的投影 $e'f'g'h'$,求它们的水平投影和侧面投影。

作图过程如下。

其中 E 点采用了素线法求水平投影和侧面投影,F 点和 H 点采用了纬圆法求水平投影和侧面投影,G 点在最前轮廓线上,直接求出了水平投影和侧面投影。最后用圆滑的曲线将 $efgh$ 和 $e''f''g''h''$ 连接起来。注意,h'' 点是不可见的,所以 $g''h''$ 段应是虚线。

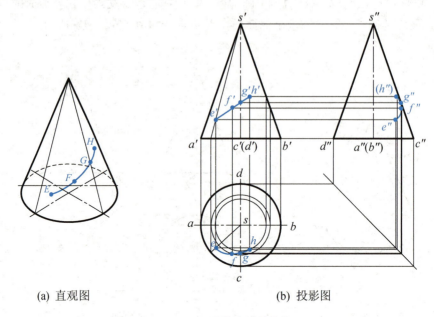

(a) 直观图　　　　　　　　　　(b) 投影图

图 4.14　圆锥表面的线

【例 4-5】　如图 4.15（a）所示，已知圆锥的三面投影及其表面上 A 点、B 点、C 点的正面投影，求上述点的水平投影和侧面投影。

投影分析如下。

由正面投影可知，空间点 A 在右前半个锥面上，空间点 B 在最前轮廓素线上，可以先求出空间点 B 的侧面投影，c' 点不可见，故空间点 C 在左后半个锥面上，可通过作辅助线求出其另两面投影。

作图过程如下。

方法一：素线法。连接 $s'a'$、$s'c'$ 延长交三角形底边于 d'、e' 两点，过 d' 点向下作垂线，交水平投影右前半个圆周于一点，该点即为 d 点，连接 s、d 两点，过 a' 点向下作垂线与线段 sd 交于一点，该点即为 a 点。过 e' 点向下作垂线，交水平投影后半个圆周于一点，该点即为 e 点，连接 s、e 两点，过 c' 点向下作垂线与线段 se 交于一点，该点即为 c 点。再用"二补三"作出侧面投影 a'' 和 c''。过 b' 点向右作 OZ 轴垂线，交三角形右边与一点，该点即为 b'' 点，已知 b'、b'' 两点，可求 b 点。

方法二：纬圆法。过 a' 点作三角形底边的平行线，交右侧轮廓素线于 d' 点，过 c' 点作三角形底边的平行线，交左侧轮廓素线于 e' 点。分别过 d' 点与 e' 点向下作垂线，交水平投影的水平直径与 d、e 两点，以 s 点为圆心，分别以线段 sd、se 长度为半径作圆，过 a' 点向下作垂线，与前半个圆周交于一点，该点即为 a 点，同理可求出 c 点，再用"二补三"作出侧面投影 a'' 点和 c'' 点。B 点在最前素线上，先求出侧面投影再做水平投影。

3. 球

球是由球面围成的。球面可看作是圆或半圆围绕一条直径（轴线）回转而成的。

（1）投影

如图 4.16 所示，三面投影体系中有一个球，其 3 个投影为 3 个圆，这 3 个圆实际上

第4章 基本形体的投影

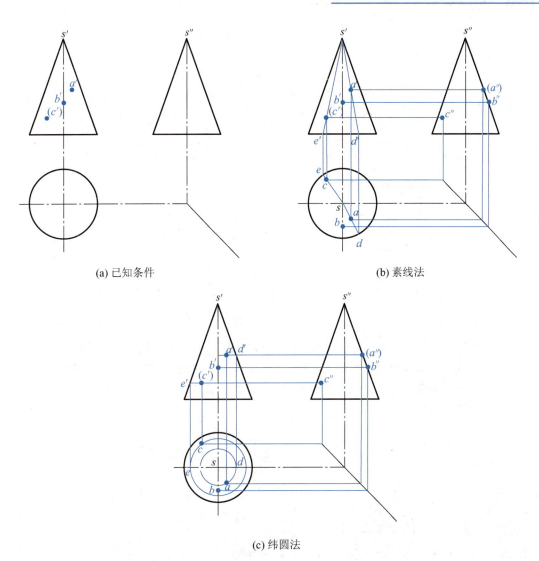

(a) 已知条件　　(b) 素线法

(c) 纬圆法

图 4.15　圆锥表面上的点的投影

是球面上 3 个轮廓圆的投影,其中正面投影是球面上平行于 V 面的最大的正平圆(它是前、后半球的分界线)的投影,水平投影是平行于 H 面的最大的水平圆(它是上、下半球的分界线)的投影,侧面投影是平行于 W 面的最大的侧平圆(它是左、右半球的分界线)的投影。它们所在的平面均经过球心,在其他两个面投影与对称中心线重合,它们的圆心与球心的投影(对称中心线的交点)重合。

(2) 表面上的点

由于球面是曲面而且没有直线,因此一般选择在球面上作平行于投影面的纬线圆作为辅助线。

【例 4-6】　如图 4.17 所示,已知球的投影及球面上的 A 点和 B 点的投影 a' 点、b' 点,求作它们的其他两面投影。

通过投影分析可知,A 点是特殊位置的点,位于最大水平圆上,因此可以从 a' 点引投射线作出 A 点的水平投影,再作出侧面投影 a'' 点(由于位于右半球,侧面投影中不可

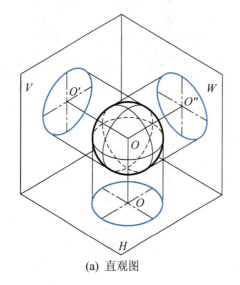

(a) 直观图

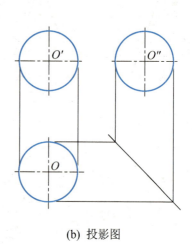

(b) 投影图

图 4.16 球的投影

见）。B 点是球面上普通位置的点，为求出投影，用过 b 点的水平面（也可用正平面或侧平面）与球相交，其交线是一个水平的圆（也可称为纬线圆），通过求这个辅助圆最左边的一点，在水平投影中作出这个辅助圆，再引投射线作出 B 点的水平投影，之后作出 B 点的侧面投影 b″点。

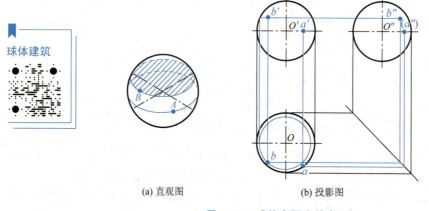

(a) 直观图　　　　　　(b) 投影图

图 4.17 球的表面上的点

【例 4-7】 如图 4.18 所示，已知球的投影及球面上的 A、B、C 点正面投影，求作它们的其他投影。

作图过程如下。

① 通过投影分析可知，A 点是球面上普通位置的点，为求出投影，可利用纬圆法作一水平圆，过 a′点作一直线平行于 OX 轴，与圆周相交，这段线段的长度即为水平圆的直径，在水平投影上过圆心作出纬圆的水平投影，过 a′点向下作投射线，与水平圆前半个圆周相交的点即为 a 点，再根据两面投影求出 a″点。

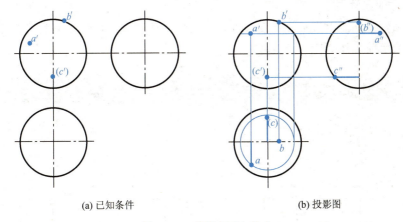

(a) 已知条件   (b) 投影图

图 4.18 球的表面上的点

② B 点是特殊位置的点，位于最大正平圆上，最大正平圆水平投影积聚为平行于 OX 轴的一条直线（即平行于 OX 轴的直径），因此可以从 b' 点引投射线作 OX 轴的垂线，与平行于 OX 轴的直径交于 b 点，再用"二补三"作出侧面投影 b'' 点（由于位于右半球，侧面投影中不可见）。

③ C 点位于最大侧平圆上，正面投影不可见，说明 C 点位于后半个圆周上，侧面投影的最大圆即为最大侧平圆的侧面投影，过 c' 点作 OZ 轴的垂线，与侧面投影最左侧圆周交于一点，该点即为 c'' 点，再根据两面投影求出 c 点，且 c 点不可见。

 特别提示

在球表面上作的辅助线，可以是水平的圆，也可以是侧平的圆或正平的圆，根据不同情况进行选用。

4.2 基本形体尺寸标注

4.2.1 尺寸标注的要求

1. 平面体的尺寸要求

长方体一般应标注出其长、宽、高 3 个方向的尺寸，棱柱、棱锥及棱台的尺寸，除了应标注高度尺寸外，还要标注出决定其顶面和底面形状的尺寸，但可根据需要有不同的标注方法。对于底面呈现规则形状的立体，可以省去一个或两个尺寸。

2. 回转体的尺寸要求

圆柱和圆锥应标注出直径和高度尺寸，圆台应标注顶圆和底圆的直径及高度尺寸，圆球应在直径数字前加注"$S\phi$"。

4.2.2 尺寸标注示例

尺寸标注示例如图 4.19 所示。

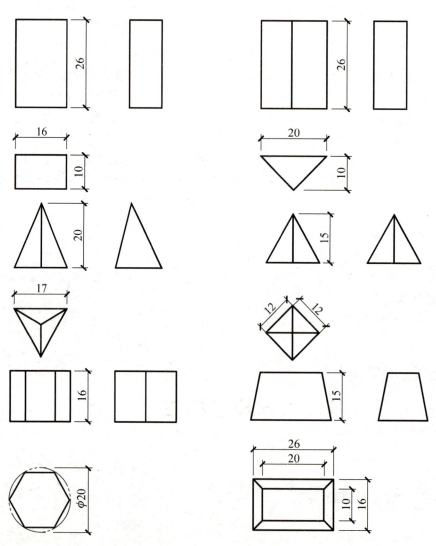

图 4.19 基本形体的尺寸标注

第4章 基本形体的投影

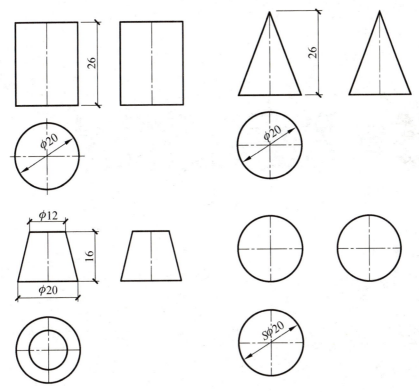

图 4.19 基本形体的尺寸标注（续）

本章回顾

本章阐述的内容是基本形体的投影，是对前面点、线、面的投影理论的应用，也是后续组合体投影的基础。

（1）平面立体表面的取点和线的方法与在平面上取点和线的方法是一致的。解题时如果表面的投影有积聚性，则优先利用积聚性求点的投影，否则采用辅助线进行求点。

（2）曲面立体表面取点方法有多种，圆柱表面可利用其积聚性求点，圆锥表面的素线是直线，可以作为辅助线进行求点，也可以采用纬线圆作为辅助线进行求点。对于球的表面，没有直线，只能采用纬线圆作为辅助线进行求点。

（3）平面立体的尺寸标注要标出其长、宽、高，对于曲面立体，要标出半径或直径。

想一想

1. 什么是平面立体？对于平面立体表面上的点如何求投影？
2. 什么是曲面立体？什么是回转体、母线、素线？
3. 对于求圆锥表面的点的投影，有素线法和纬圆法，试简述这两种方法的作图顺序。
4. 分别画出半圆球体、半圆柱体、半圆台体、四分之一圆球体的投影图，尺寸自定。

第 5 章 组合体的投影

思维导图

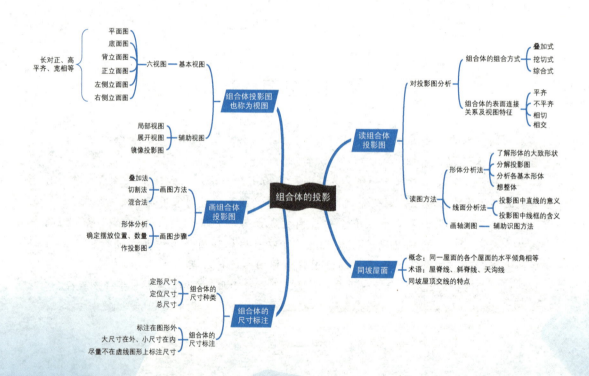

第5章 组合体的投影

🏠 引言

任何复杂的形体,都可以看成是由一些基本形体组合而成的,如图 5.1 所示。由基本形体组合而成的形体称为组合体。

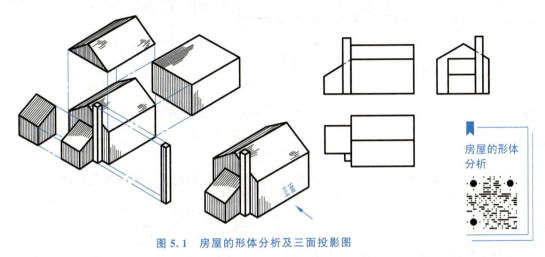

图 5.1 房屋的形体分析及三面投影图

看起来很复杂的建筑,其实也可以看作是由很多基本形体组合而成的复杂的组合体。因此,学习组合体投影是为学习建筑物的投影图做最后的准备。

请思考:如何将组合体的投影准确画出?怎样在读组合体平面投影图时想象出它的三维形象?

5.1 画组合体投影图

5.1.1 组合体的投影

工程中把表达组合体的投影图称为视图,通常把视图分为基本视图与辅助视图。

1. 基本视图

三面投影体系是由水平投影面、正立投影面和侧立投影面组成,所作形体的投影图分别是水平投影图、正立投影图和侧立投影图,在工程图中分别称作平面图、正立面图和侧立面图。

在很多情况下,仅采用三视图难以表达清楚整个形体,比如一个建筑物,通常其正面和背面是不同的。因此,有必要将三视图增加到 6 个方向进行投影,从而形成 6 个视图,如图 5.2 所示。在水平投影对面增加投影面 H_1,其投影图称为底面图;在正立投影面对面增加投影面 V_1,其投影图称为背立面图;在侧立投影面对面增加投影面 W_1,其投影图称为右立面图。

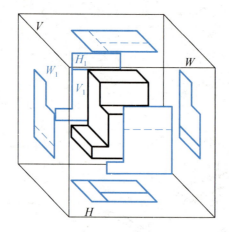

图 5.2 6 个基本视图的立体图

得到的 6 个视图称为基本视图，基本视图所在的投影面称为基本投影面。将 6 个视图展开如图 5.3 所示。

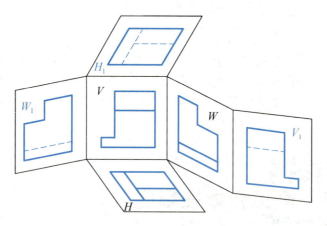

图 5.3 6 个基本视图展开后

6 个视图展开后的排列位置如图 5.4 所示。在这种情况下，为合理利用图纸，可以不标注视图名称。

各视图的位置也可按主次关系从左至右依次排列，如图 5.5 所示。但在这种情况下，必须注写视图名称。视图名称注写在图的下方为宜，并在名称下画一条粗横线，其长度应以视图名称所占长度为准。

特别提示

（1）由图 5.4 可知，6 个基本视图仍然满足"长对正，宽相等，高平齐"的投影规律。即正立面图、平面图、底面图、背立面图"长对正"；正立面图、左侧立面图、右侧立面图、背立面图"高平齐"；平面图、左侧立面图、右侧立面图、底面图"宽相等"。

（2）实际画图时，通常无须全部将 6 个视图都画出，应根据建筑形体特点和复杂程度，进行具体分析，选择其中几个基本视图，能完整、清晰地表达形体的形状和结构即可。

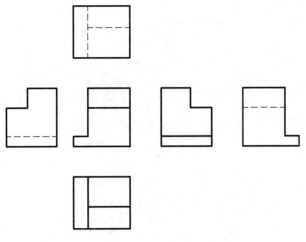

图 5.4　6 个基本视图的展开后的投影

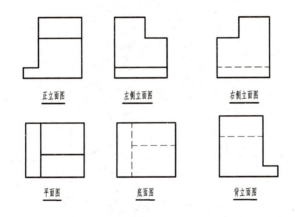

图 5.5　6 个基本视图按主次关系排列

2. 辅助视图

(1) 局部视图。将形体的某一局部结构形状向基本投影面作正投影，所得到的投影图称为局部视图，如图 5.6 所示。画图时，局部视图的图名用大写字母表示，标注在视图的下方，在相应的视图附近用视图加以补充，如图 5.6 中的 A 向视图和 B 向视图。局部视图一般按投影方向配置，如图 5.6 中的 A 向视图，也可配置在其他适当位置，如 B 向视图。

局部视图是基本视图的一部分，其断裂边界应以波浪线或折断线表示。

(2) 展开视图。有些形体由互相不垂直的两部分组成，作投影图时，可以将平行于其中一部分的面作为一个投影面，而另一部分必然与这个投影面不平行，在该投影面上的投影将不反映实形，不能具体反映形体的形状和大小。

为此，将该部分进行旋转，使其旋转到与基本投影面平行的位置，再作投影图，这种投影图称为展开视图，如图 5.7 所示。

(3) 镜像投影图。当从上向下的正投影法所绘图纸的虚线过多、尺寸标注不清楚，无法读图时，可以采用镜像投影的方法投影，如图 5.8 所示，但应在原有图名后注写"镜像"二字。

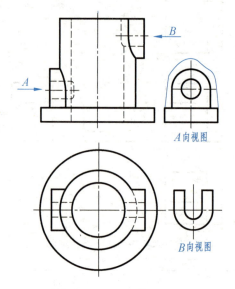

图 5.6 局部视图

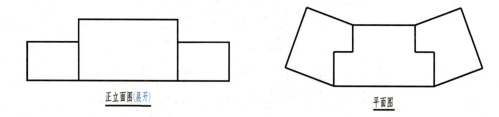

图 5.7 展开视图

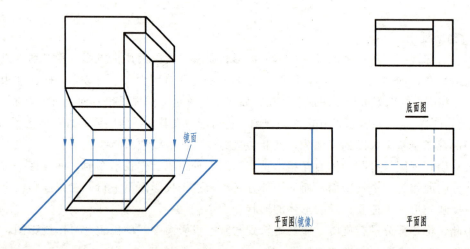

图 5.8 镜像投影图的画法

绘图时，把镜面放在形体下方，代替水平投影面，形体在镜面中反射得到的图像，称为"平面图（镜像）"。

 **特别提示**

镜像投影图一般在装饰制图中表现顶棚装饰时应用。

5.1.2 投影图的选择

1. 正立面图的选择

对于一个组合体,可以画出它的 6 个基本视图或一些辅助视图,究竟采用哪些视图来表达组合体最简单、最清楚、最准确而且数量最少?关键是对视图的选择。

在工程图纸中,正立面图是基本图纸。通过阅读正立面图,可以对组合体的长、高方面有个初步的认识,然后再选择其他必要的视图来认识组合体,通常的组合体用三视图即可表示清楚,根据形体的复杂程度,可能会多需要一些视图或少需要一些视图。一般情况下先确定正立面图,根据情况再考虑其他视图,因此正立面图的选择起主导作用。选择正立面图应遵循以下原则。

(1) 组合体的自然状态位置

组合体在通常状态或使用状态下所处的位置称作自然状态位置。例如,桌椅和床在通常状态或使用状态下腿总是朝下的。当通常状态与使用状态不同时,以人们的习惯为准,如有些床在不使用时为节省用地可能立着放,但人们在用床时还是习惯平着放,所以平放是它的自然状态。画正立面图时要使组合体处于自然状态位置。

(2) 形状特征明显

确定好组合体的自然状态位置,还要选择一个面作为主视面,一般选择一个能反映形体的主要轮廓特征的一面作为主视面来绘制正立面图。如图 5.9 所示,箭头所指的一面不仅反映了砖的外形轮廓特征,同时也反映了花格部分的轮廓特征,因此选择该面绘制正立面图是恰当的、合理的。

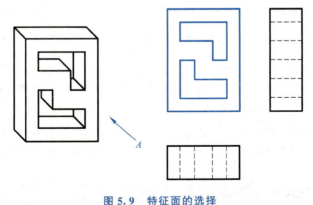

图 5.9 特征面的选择

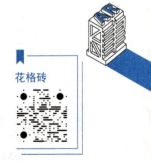

花格砖

(3) 视图中要减少虚线

如果在视图中的虚线过多,则会增加读图的难度,影响对形体的认识,因此要选择合适的正立面，以得到虚线相对较少的投影图。如图 5.10 所示，若以 A 方向画正立面图[图 5.10（b）]，左侧投影图中无虚线；而以 B 方向画正立面图［图 5.10（c）］，则左侧投影图中出现虚线。显然以 A 方向画立面图为佳。

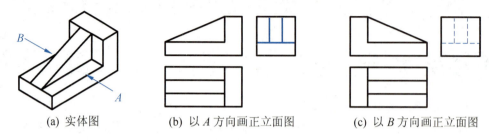

图 5.10　主视方向的选择

（4）图面布置要合理

除以上因素外，还要考虑图面布置是否合理，图 5.11 所示为薄腹梁，一般选择较长的一面作为正立面，如图 5.11（a）所示，这样视图占的图幅较小，整体图形匀称、协调。如果考虑用梁的端部作为正立面，如图 5.11（b）所示，则所画的整个图形就显得不协调，占用图幅较大。

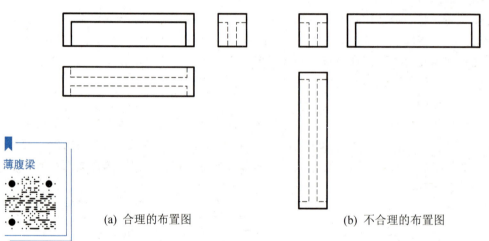

图 5.11　图面布置

2. 视图数量的选择

为了清楚地表达组合体，在正立面确定以后，还要选择其他视图（包括基本视图和辅助视图）。选择哪些视图，应根据形体的繁简程度和习惯画法来决定。

在能把形体表达清楚的前提下，视图的数量越少越好。对于常见的组合体，通常画出正立面图、平面图和左侧立面图即可表达清楚；对于复杂的形体，还要增加其他的视图。

5.1.3　画组合体投影图的步骤

正确的画图方法和步骤是保证绘图质量的关键。在画组合体时，应分清主次，先画主要部分，后画次要部分；在画每一部分时，要先画反映该部分形状特征的视图，后画其他视图;要严格按照投影关系,3个视图配合起来画出每个组成部分的投影。

1. 画图方法

与组合体的组合方式相类似(详见5.2节),画组合体投影图的方法有叠加法、切割法、混合法等。

(1) 叠加法

叠加法是根据叠加式组合体中基本形体的叠加顺序,由下而上或由上而下地画出各基本体的三面投影,进而画出整体投影图的方法。

(2) 切割法

当形体分析为切割式组合体时,先画出形体未被切割前的三面投影,然后按分析的切割顺序,画出切去部分的三面投影,最后画出组合体整体投影,这样的方法称为切割法。

(3) 混合法

混合法是指上述两种方法的综合应用。

2. 画图步骤

作组合体投影图时,一般应按以下步骤进行。

(1) 对组合体进行形体分析。
(2) 选择摆放位置,确定投影图数量。
(3) 作投影图。

作投影图的顺序以形体分析的结果进行。一般为先主体后局部、先外形后内部、先曲线后直线,从主到次,从大到小,从可见到不可见(注意分清虚、实线),先画有积聚性的投影,后画其他主视图,最后完成全部轮廓线。

(4) 检查视图,加粗图线。

5.1.4 由立体模型画投影图

【**例 5-1**】 画出图 5.12(a)所示挡土墙的三面投影图。

作图步骤如图 5.13 所示。

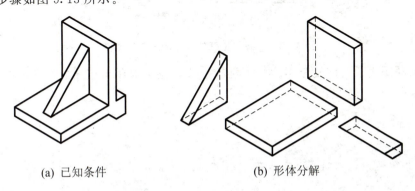

(a) 已知条件　　　　　(b) 形体分解

图 5.12　挡土墙的立体图

作图步骤如下。

(1) 逐个画出3部分的三面投影,如图 5.13(a)(b)(c)所示。
(2) 检查投影图是否正确。

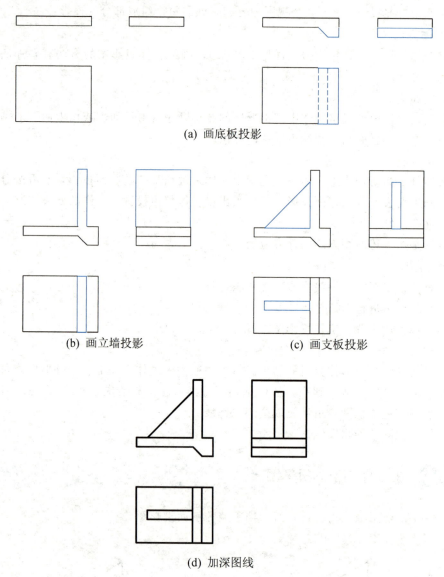

(a) 画底板投影

(b) 画立墙投影　　(c) 画支板投影

(d) 加深图线

图 5.13　用叠加法画挡土墙的三面投影图

（3）加深图线。因该投影图均为可见轮廓线，应全部用粗实线加深，如图 5.13（d）所示。

特别提示

如果分解的方式不同，画图过程可能不同，但结果应相同。

【例 5-2】　已知图 5.14（a）所示的组合体，画出它的三面正投影图。

作图过程如 5.14（b）（c）（d）所示。

第5章 组合体的投影

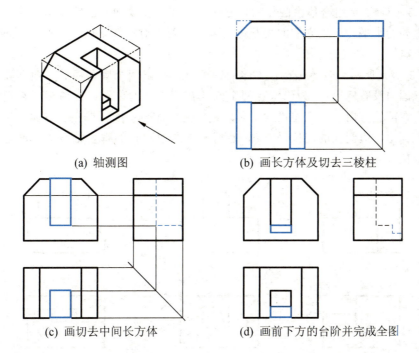

(a) 轴测图 (b) 画长方体及切去三棱柱

(c) 画切去中间长方体 (d) 画前下方的台阶并完成全图

图 5.14 切割法画组合体的投影图

5.1.5 组合体的尺寸配置及标注

1. 组合体的尺寸种类

（1）定形尺寸

确定组合体中各基本形体形状和大小的尺寸，称为定形尺寸。

（2）定位尺寸

确定组合体中各基本形体之间相对位置的尺寸，称为定位尺寸。标注定位尺寸的起始点称为尺寸的基准。在组合体的长、宽、高 3 个方向上标注的尺寸都要有基准。通常把组合体的底面、侧面、对称线、轴线、中心线等作为尺寸的基准。

图 5.15 所示为组合体各种定位尺寸的示例。

图 5.15（a）所示组合体由两个长方体组合而成，两长方体共有共同的底面，高度方向不需要定位，但是应标出前后方向和左右方向的定位尺寸 a 和 b。标注尺寸 a 和 b 选择左、后方的一个长方体的后面和左面为基准。

图 5.15（b）所示组合体是由两个长方体组合而成，两个长方体有一个重叠的水平面，因此高度方向不需要定位。但是应标出前后方向和左右方向的定位尺寸 a 和 b，其基准是下方长方体的后面和右面（用前面和左面也可以作为定位基准）。

图 5.15（c）所示组合体是由两个长方体组合而成，两个长方体有一个重叠的水平面，因此高度方向不需要定位。由于两个长方体的位置前后对称，因此它们的前后位置由对称线确定，可以省略前后方向的定位尺寸。只需要标注出左右方向的定位尺寸 b 即可，其基准是下方长方体的右面。

图 5.15 (d) 所示组合体由圆柱和长方体组合而成。叠加时前后对称、左右对称，上下有一个重叠的水平，所以它们的相互位置可以由两条对称线来确定，3 个方向的定位尺寸都可以省略。

图 5.15 (e) 所示组合体是在长方体的钢板上切削出两个圆孔而成，两圆孔的定量尺寸为已知（圆中没有标出）。为确定这两个圆孔在钢板上的位置，必须标出它们的圆心的定位尺寸，在前后方向上，定位尺寸 a 是以钢板的后面为基准，在左右方向上，以钢板的左边为基准标出左边圆孔的定位尺寸 b，然后再以左边圆孔的垂直轴线为基准继续标出右边圆孔的定位尺寸 c。

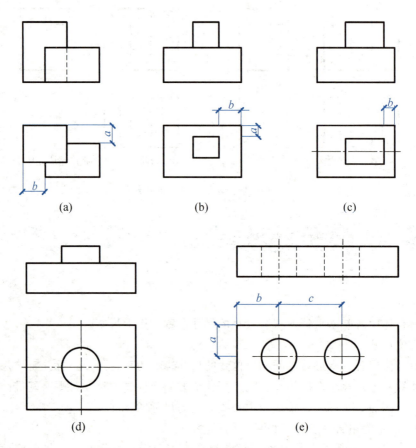

图 5.15 组合体的定位尺寸

(3) 总体尺寸

确定组合体外形总长、总宽、总高的尺寸称为总体尺寸。

2. 组合体的尺寸标注

(1) 组合体尺寸标注前需进行形体分析，弄清反映在投影图上的有哪些基本形体，然后注意这些基本形体的尺寸标注要求，做到简洁合理。

(2) 各基本形体之间的定位尺寸一定要先选好定位基准，再进行标注，做到心中有数，不遗漏。

(3) 由于组合体形状变化多，定形、定位和总体尺寸有时可以相互兼代。组合体各项尺寸一般只标注一次。

3. 组合体尺寸标注中的注意事项

(1) 尺寸一般应<u>标注在图形外</u>，以免影响图形清晰。

(2) 尺寸排列要注意<u>大尺寸在外</u>、<u>小尺寸在内</u>，并在不出现尺寸重复的前提下，使尺寸构成封闭的尺寸链。

(3) 反映某一形体的尺寸，最好集中标注在反映这一基本形体特征轮廓的投影图上。

(4) 两投影图相关的尺寸，应尽量标注在两图之间，以便对照识读。

(5) 尽量不在虚线图形上标注尺寸。

【例 5-3】 对前面所画的挡土墙进行尺寸标注，如图 5.16 所示。

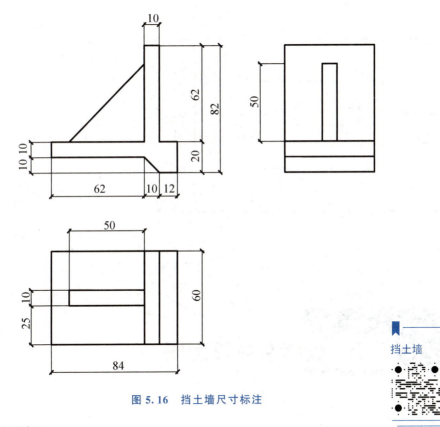

图 5.16 挡土墙尺寸标注

特别提示

同一个组合体由于分解的方式不同，可能得出不同的基本形体组合，相应的标注也可能不同。

【例 5-4】 对肋式杯形基础进行尺寸标注，如图 5.17 所示。

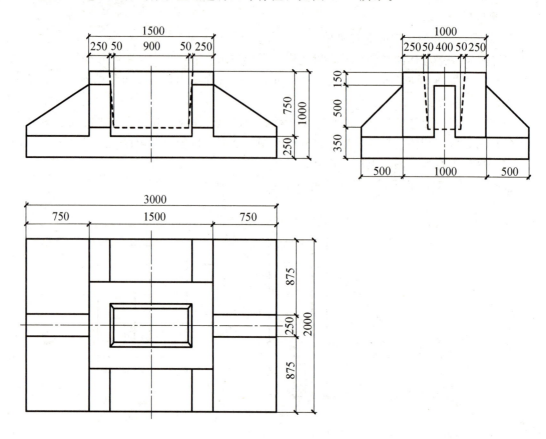

图 5.17　肋式杯形基础尺寸标注

5.2　读组合体投影图

5.2.1　对投影图的分析

1. 组合体的组合方式

通常组合体构形有叠加和挖切两种方式。叠加如同积木的堆积，挖切包括穿孔和切割。组合体按构形方式可分为 3 种类型，即叠加式、挖切式和综合式。综合式是指组合体由叠加和挖切两种方法形成的。

（1）叠加式组合体

叠加式组合体是将若干基本形体按一定方式堆积起来组成一个整体，如图 5.18 所示。

(2) 挖切式组合体

挖切式组合体是在某一基本形体上去掉某些基本形体而形成一个新的形体。如图 5.19 所示,一个水池可以看作是一个大的长方体从上下各挖去一个小长方体而成。

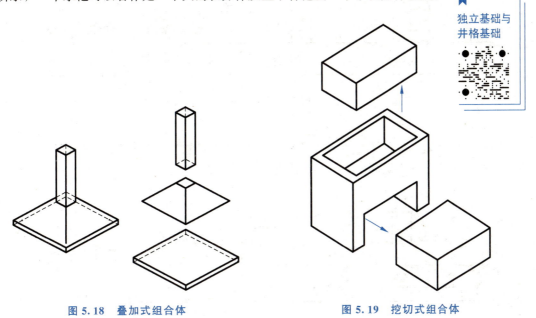

独立基础与井格基础

图 5.18　叠加式组合体　　　　图 5.19　挖切式组合体

(3) 综合式组合体

综合式组合体是有几个基本形体的叠加,又有几个基本形体挖切而形成的一个形体。如图 5.20 所示,一个房屋的前门部分,可以看作若干长方体综合组合而成,在墙体上挖切门和窗,再叠加上底板和雨篷。

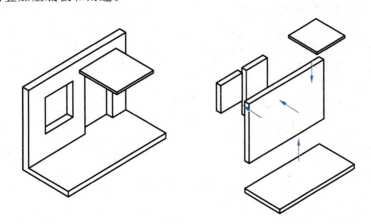

图 5.20　综合式组合体

2. 组合体的表面连接关系及其视图特征

在组合体上,各形体相邻表面之间按其表面形状和相对位置不同,连接关系可分为平齐、不平齐、相切和相交 4 种情况。连接关系不同,连接处投影的画法也不同。

(1) 平齐

两个基本形体几何体上的两个平面互相平齐地连接成一个平面,则它们在连接处是共面关系而不再存在分界线。因此在画出它的主视图时不应该再画它们的分界线，如图 5.21 所示。

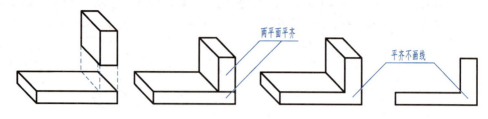

图 5.21　表面平齐

（2）不平齐

当相邻两个基本体的表面在某方向不平齐时，说明它们在相互连接处不存在共面情况，在视图上不同表面之间应有分界线隔开，如图 5.22 所示。

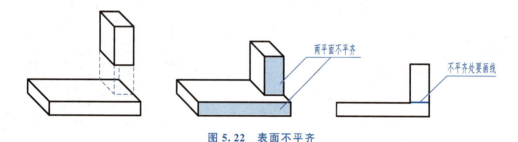

图 5.22　表面不平齐

（3）相切

当两个基本几何体的表面相切时，说明它们之间存在相切关系。只有平面与曲面相切的平面之间才会出现相切情况。如图 5.23 所示，在相切处两表面几乎是光滑过渡的，故该处的投影不应该画出分界线。

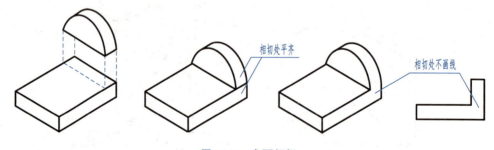

图 5.23　表面相切

（4）相交

当两个基本几何体的表面彼此相交时，说明它们之间存在相交关系。表面交线是它们的表面分界线，图上必须画出它们交线的投影，如图 5.24 所示。

5.2.2　读图方法

根据组合形体投影图识读其形状，必须掌握下面的基本知识。

第5章 组合体的投影

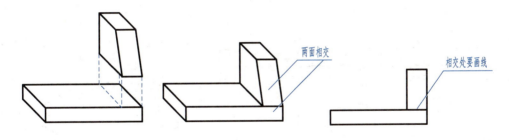

图5.24 表面相交

（1）掌握三面投影图的投影关系，即"长对正、高平齐、宽相等"。
（2）掌握在三面投影图中各基本体的相对位置，即上下关系、左右关系和前后关系。
（3）掌握基本形体的投影特点，即棱柱、棱锥、圆柱、圆锥和球体，这些基本形体的投影特点。
（4）掌握点、线、面在三面投影体系中的投影规律。
（5）掌握组合体三面投影图的画法。

读图的基本方法，可概括为形体分析法、线面分析法和画轴测图法等方法。

1. 形体分析法

形体分析法就是以上述基本知识前三点为基础，根据基本体投影图的特点，将建筑形体投影图分解成若干个基本体的投影图，分析各基本体的形状，根据三面投影规律了解各基本体的相对位置，最后综合起来想出形体的整体形状，其分析过程如下。

① 了解建筑形体的大致形状。要分析视图，当以主视图为主，配合其他视图，进行初步的投影分析和空间分析。同时要抓住特征，找出反映物体的形状特征和组成物体的各基本形体间相对位置的特征，即抓住特征部分，对物体的形状有大概的了解。

② 分解投影图。根据基本形体投影图的基本特点，将三面投影图中的一个投影图进行分解，最先分解的投影图，应使分解后的每一部分能具体反映基本形体的形状。

③ 分析各基本形体。利用"长对正、高平齐、宽相等"的三面投影规律，分析分解后各投影图的具体形状。

④ 想整体。利用三面投影图中的上下、左右、前后关系，分析各基本体的相对位置。

如图5.25（a）所示，特征比较明显的是正立面投影，结合左侧立面投影和平面投影进行分解，分为3个形体，上面形体是由一个矩形和一个半圆柱组合而成，下面左、右各有一个矩形，同时通过左侧立面投影和平面投影还可以分析出它们的前后关系，最后将3个部分再综合成一个整体，就容易想象出图5.25（b）所示组合体的空间形状。

2. 线面分析法

形体分析法主要用于以叠加方式形成的组合体，或挖切比较明显的组合体。对于一些挖切后的形体不完整、形体特征又不明显，并形成了一些挖切面与挖切面的交线，难以用形体分析法读图时，需要对其局部做进一步细化分析，具体是对某条线或某个线框进行逐个分析，从而想象其局部的空间形状，直到最后联想出组合体的整体形状，这种方法称为线面分析法。

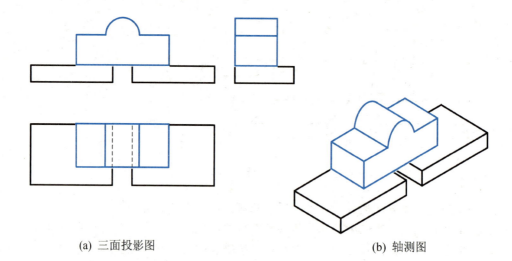

(a) 三面投影图　　　　　　　　　　(b) 轴测图

图 5.25　形体分析法

(1) 投影图中直线的意义

投影图中的一条直线，一般有 3 种意义。

① 可表示形体上一条棱线的投影，图 5.26 中直线 AB，是六棱柱的一根棱线，在正立面的投影为 $a'b'$。

② 可表示形体上一个面的积聚投影，图 5.26 中正立面投影 P' 是平面六边形的投影。

③ 可表示曲面立体上一条轮廓素线的投影，图 5.26 中轮廓线 $c'd'$ 是底座中右边半圆柱的最右边轮廓素线。

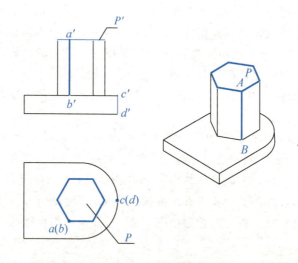

图 5.26　投影图中线和线框的意义

(2) 投影图中线框的意义

投影图中的一个线框，一般也有 3 种意义。

① 表示形体的一个表面（平面或曲面或复合面）的投影，图 5.27 中 a' 所指的线框表

示底座圆柱的表面。

② 相邻的两个线框，表示物体上位置不同的两个面的投影，图 5.27 中 a' 和 b' 所指的两个线框表示了两个圆柱表面的投影。

③ 在一个大的线框内所包含的各个小线框，表示在大的平面（或曲面）体上凸出或凹下的各个小平面（或曲面）体的投影，图 5.27 中 c 和 d 指的两个线框表示圆柱中挖空了一个长方体。

【例 5-5】 分析图 5.28 中投影图，利用线面分析法分析具体形状。

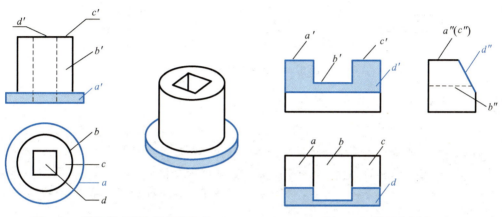

图 5.27　投影图中线和线框的意义　　　　图 5.28　线面分析法（一）

首先分析直线 a'，根据三等关系，找到的对应关系在左侧立面投影为 a''，也是一条直线，在平面投影是一个线框 a，得到图 5.29 中的加粗部分。综合 3 个面投影，很容易可以分析出直线 a' 是表示一个位置偏左靠上水平面，与之相似，c' 也是表示一个水平面，位置偏右靠上的一个水平面。再来看直线 b'，在左侧立面对应的是虚线，在平面对应的是中间的线框，分析一下，也是一个水平面，位置居中。

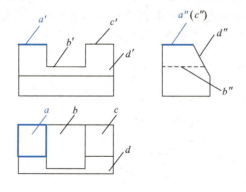

图 5.29　线面分析法（二）

其次分析一下线框 d'，根据"高平齐"，与之相对应的左侧立面投影为一直线 d''，再根据三等关系，与之相对应的平面投影是线框 d，如图 5.30（a）所示加粗的部分，可以分析出是一个形状为"凹"形的侧垂面。对于其余不清楚的部分可再依次对相应的直线和线框进行分析，最终综合得到图 5.30（b）所示的形状。

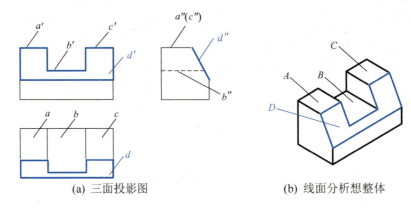

(a) 三面投影图　　　　　　　　(b) 线面分析想整体

图 5.30　线面分析法（三）

特别提示

（1）形体分析法是从整体上把握组合体；线面分析法是一种基本的、针对细节的分析方法，一般针对较难的局部进行分析，两种方法宜配合使用。

（2）读图应以形体分析法为主，而线面分析法用来分析投影图中难以看懂的图线或线框。

3. 画轴测图法

画轴测图法是指利用画出正投影图的轴测图，来想象和确定组合体的空间形状的方法。实践证明，此法是初学者容易掌握的辅助识图方法，同时也是一种常用的图示形式。在进行读图时还需要注意以下两点。

（1）要联系各个投影进行想象，不能只凭一两个视图臆断组合体的确切形状。图 5.31 中正立面图、水平投影图完全相同，看到两个矩形不能就断定它是长方体，必须将正立面图、水平投影图和侧面投影图联系起来才能得到正确的答案。

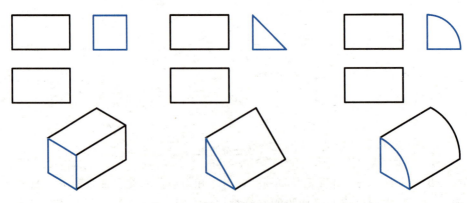

图 5.31　将已知投影图联系起来看

（2）注意找出特征投影。所谓特征投影，就是把形体的形状特征及相对位置反映得最充分的视图。找出特征投影，再配合其他视图，就能比较快而准确地辨认形体。在图 5.31 中，左侧立面的投影是特征投影。在图 5.32 中，特征投影分别在 H 面、V 面和 W 面上。

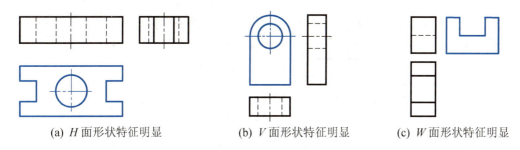

(a) H 面形状特征明显　　　(b) V 面形状特征明显　　　(c) W 面形状特征明显

图 5.32　找出特征投影

但是，由于组合体的组成方式不同，形体的形状特征及相对位置并非总是集中在一个视图上，有时是组合体中不同组成部件的形状特征可能分散于各个视图上，这时要根据各个组成部件分别分析、灵活掌握。

5.2.3　读正投影图的步骤

一般以形体分析法为主，线面分析法为辅，这两种方法在读图过程中不能截然分开，应根据不同的组合体，灵活运用。对于叠加式组合体多采用形体分析法，对挖切式组合体多采用线面分析法。通常先用形体分析法获得组合体粗略的大体形象后，对于图中个别较复杂的局部，再辅以线面分析法进行较详细的分析，有时还可以利用所注尺寸帮助分析。一般的读图步骤如下。

（1）认识投影抓特征。要搞清楚各投影的对应关系，这是看图的基本前提。从反映特征最多的投影入手，就能最快速地了解形体的组成和大致形状。

（2）分析形体对投影。注意到特征投影后，就可以进行形体分析了，关注组合体中可以分解为哪些组成部分，各个组成部分之间的表面如何连接，结合三等关系进行分析和检查判断结果。

（3）线面分析攻难点。用线面分析法对组合体中难以理解的直线和线框进行分析。对于线的分析，依次按照棱线→平面的积聚投影→曲面立体的转向轮廓线 3 个方面进行分析。对于线框，则按照平面投影→曲面投影→孔洞、槽或凸出体进行分析。

（4）综合起来想整体。将以上三步的结果进行综合，如果形体比较简单，或以叠加为主，基本上前两步就可以想象出整体结果了。如比较复杂，较难理解，就需要加入线面分析法进行分析。

5.2.4　练习读图的几种方法

【例 5-6】　对图 5.33 所示组合体进行分析。

（1）认识投影抓特征

图 5.33 中 V、W 面投影有斜直线，所以估计形体有斜平面，在 V 面和 W 面投影的中

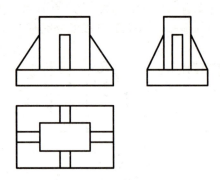

图 5.33 组合体投影图（一）

间和下方都有长方形的线框，则估计有叠加在一起的长方体，而 H 面上反映的两个矩形，与上面所分析的两个长方体能够对应。

（2）分析形体对投影

再进一步分析，V、W 面上的三角形所对的 H 面上的投影为小矩形，实际对应空间形体应为三棱柱，H 面上还有 4 个矩形线框，说明有 4 个三棱柱。H 面上的两个矩形线框，对应 V、W 面投影也是长方形线框，所以对应的有长方体，下面的长方体的长度、宽度较大，高度较小，上面的长方体的长度、宽度较小，高度较大。4 个小三棱柱在下面长方体之上，围绕上面长方体四周对称放置。

（3）综合起来想整体

由以上分析，可以得出该形体是由底面长方体、中间长方体和 4 个小三棱柱叠加而成，如图 5.34 所示。

【例 5-7】 分析图 5.35 所示组合体。

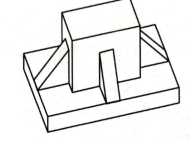

图 5.34 组合体立体图

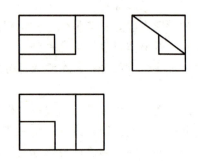

图 5.35 组合体投影图（二）

（1）认识投影抓特征

从三面投影来看，整体上都没有明显的特征投影，三面投影外轮廓都是矩形。因此推测其整体是一个长方体，内部进行了挖切。

（2）分析形体对投影

由于外轮廓线框是平整的线框，没有凸出的部分，内部也有一些不同形状的线框，由这些特征进行判断：这是一个挖切式组合体，是由一个长方体进行若干次挖切而成。

（3）线面分析攻难点

分析整个投影图时线条较多，对应关系比较复杂，而分析线框则线条比较少，对应关系比较明确,因此不妨从线框入手。其实从侧面的投影中由一斜线分析入手最佳,但实际解题中未必一下子就能抓到要点,所以就需要按一般思路进行分析,进而抓到要点,最后突破整体。

首先分析正面投影(从其他面投影开始也可以,读者可自行分析)的线框,共有 3 个线框,先分析左边第一个线框(加阴影部分)的投影,如图 5.36 所示。通过"三等"对应关系的分析,得到图 5.36 所示的加粗部分的对应关系。根据投影规律分析,这是一个正平面。

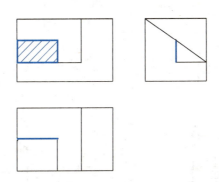

图 5.36　组合体中的正面投影中第一个线框的分析

其次再分析第二个线框,通过"三等"对应关系分析,得到图 5.37 所示的加粗和加阴影部分的对应关系。这是一个倒 L 形的侧垂面。

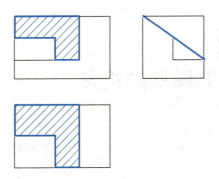

图 5.37　组合体中的正面投影中第二个线框的分析

再次分析第三个线框,得到图 5.38 所示的加粗和加阴影部分的对应关系,这是反 L 形正平面。

通过对这 3 个线框的分析,在长方体内可以想象出这 3 个面的位置,如图 5.39 所示。

最后再来进一步分析第二个线框,它作为组合体的一个表面,由于在正面投影中和水平投影图中均为实线,所以可以判定它的上方和前方是空的,而下方和后方是实的,由此判断长方体被第二个线框所在的平面做了挖切,平面的上方和前方被切去了。

(4) 综合起来想整体

对于长方体右侧,可以结合对水平投影图中右边的线框的分析,得到如图 5.40 所示的分析结果。

最后对组合体的左前方进行分析,通过对水平投影图左前方线框的分析,不难得出组合体的轴测图,如图 5.41 所示。

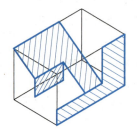

图 5.38　组合体中的正面投影中第三个线框的分析　　图 5.39　3 个平面在长方体中的位置

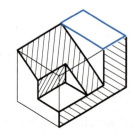
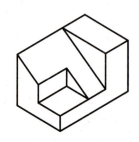

图 5.40　组合体的局部分析　　　　　　　　　图 5.41　组合体的轴测图

5.3　同坡屋顶的投影

坡屋顶

坡屋顶是一种常见的屋面形式，常见的有两坡和四坡两种。一般同一个屋面的各个坡面的水平倾角相等，所以又称为同坡屋顶。

同坡屋顶的交线有以下特点。

（1）当檐口线平行且等高时，坡面必相交成水平的屋脊线。在水平投影中，屋脊线的投影平行于相应的檐口线投影，并且与两檐口线距离相等。

（2）沿着檐口线相邻的两个坡面的交线是斜脊线或天沟线，在水平投影中，斜脊线或天沟线的投影位于相邻两檐口线的投影的角平分线上。其中斜脊线位于凸墙角上，天沟线位于凹墙角上。图 5.42 所示为 L 形的四坡屋面的斜脊和天沟。

（3）在屋面上如果有两斜脊、两天沟或斜脊与天沟相交于一点，则必有第三条屋脊线通过该点，这个点是 3 个相邻屋面的共有点。

【例 5-8】　已知屋面的倾角都是 30°和房屋的平面形状，如图 5.43 所示，求屋面的交线。

作图步骤如下。

（1）在屋面平面图上经每一屋角作 45°分角线。在凸墙角上作是斜脊，在凹墙角上作

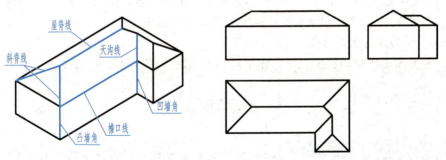

图 5.42　L 形的四坡屋面的斜脊和天沟

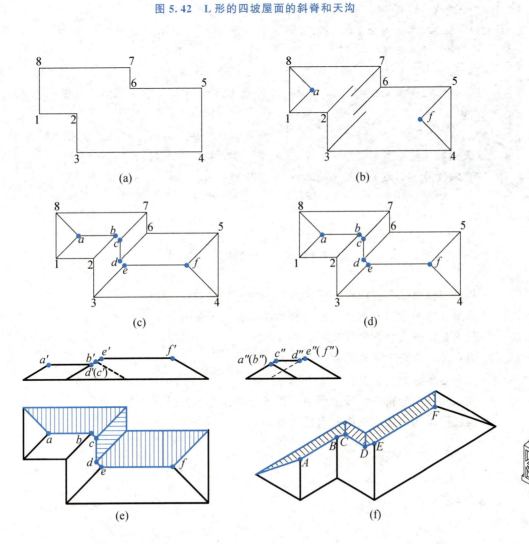

图 5.43　作屋面交线

是天沟，其中两对斜脊分别交于 a 点和 f 点。

（2）作每一对檐口线的中线，即屋脊线。通过 a 点的屋脊线与墙角 2 的天沟线相交于 b 点，过 f 点的屋脊线与墙角 3 的斜脊线相交于 e 点。对应于左右檐口（23 和 67）的屋脊线与墙角 6 斜脊线和墙角 7 的天沟线分别相交于 d 点和 c 点，如图 5.43（c）所示。

（3）连接 bc 和 de，折线 $abcdef$ 为所求屋脊线。其中 $a1$、$a8$、$c7$、$e3$、$f4$、$f5$ 为斜脊线，$b2$、$d6$ 为天沟线，如图 5.43（d）所示。

（4）根据屋面倾角和投影规律，作出屋面的三面投影，如图 5.43（e）所示。

本章回顾

　　本章阐述的内容是组合体投影图的相关知识，为后面识读施工图打好基础，因为建筑物也可以看作是许多基本组合体的复杂组合体。

　　（1）对于工程视图除了前面的三视图，本章扩展到基本视图和辅助视图，阐述了画组合体时视图的选择。

　　（2）组合体的尺寸标注有定形尺寸、定位尺寸和总尺寸。

　　（3）通常组合体构形有叠加和挖切两种方式，要注意在组合时两个基本形体表面的交线情况。

　　（4）组合体读图的基本方法，可概括为形体分析法、线面分析法和画轴测图法等。其中线面分析法是基本的分析方法，形体分析法是从整体把握的分析法。

　　（5）同坡屋顶的投影是建筑物中常见的投影应用。

想一想

1. 基本视图由哪些视图组成？这些视图展开后如何排列？
2. 画组合体的方法有哪些？画组合体的步骤有哪些？
3. 什么是定形尺寸和定位尺寸？
4. 组合体的组合方式有哪些？
5. 什么是形体分析法？
6. 什么是线面分析法？投影图中的线条和线框有可能是哪些含义？
7. 同坡屋顶的交线在投影时有什么特点？

第 6 章　轴测投影

思维导图

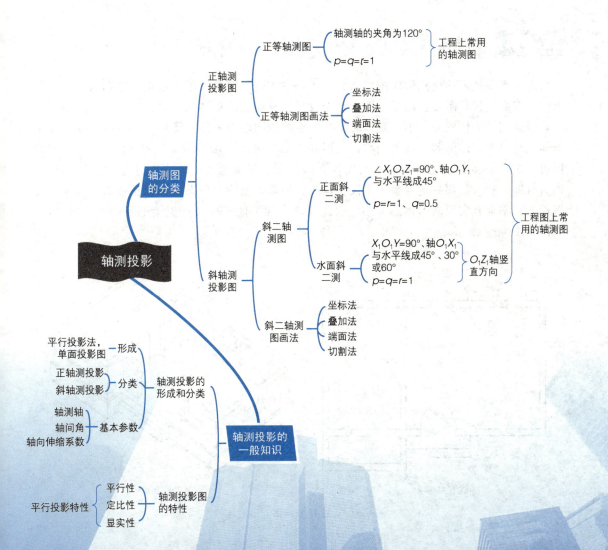

引言

前几章介绍的三面正投影图绘制比较简单，也便于度量，但是缺乏立体感，对初学者来说，完全理解有一定的难度，并且当形体比较复杂时，理解起来尤为困难。为了便于初学者的学习，减小学习难度，提高学习效果，熟悉轴测图的绘制是很有必要的。轴测图立体感比较强，虽然度量性较差，但可以结合三面正投影图的帮助，方便、准确、快速地表达出一个建筑形体。实际工程中的建筑都比较复杂，适当补充一些轴测图十分有用。

6.1 概述

6.1.1 基本概念

为了准确地表达建筑形体的形状和大小，在实际工程中采用三面正投影图来表达建筑形体。三面正投影图是多面投影图，每个投影图只能反映形体长、宽、高三个尺度中的两个，因此图样立体感差，不直观，必须有一定的识图能力才能看懂形体的空间形状，如果形体比较复杂，理解起来就更困难，如图6.1（a）所示。轴测图是单面投影图，一个投影图可以表达形体长、宽、高三个尺度，立体感强、形象逼真、能直观地显示空间形体结构，帮助工程人员很好地理解、识读工程图。但是，轴测图作图比三面正投影图复杂，度量性差，不能真实反映形体的大小，因此只是一种帮助工程人员识读工程图的辅助图纸，如图6.1（b）所示。

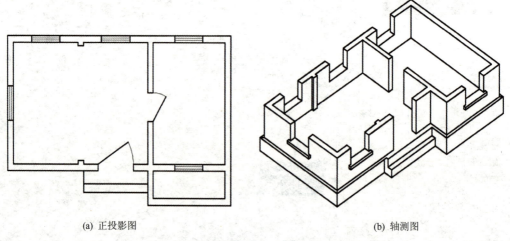

(a) 正投影图　　　　　　　　　　　　　(b) 轴测图

图 6.1　正投影图和轴测图的比较

1. 轴测图的形成

将形体连同确定它空间位置的直角坐标系一起，用平行投影法，沿不平行任一坐标面的方向 S 投射到一个投影面 P 上，这时可以得到一个能同时反映形体长、宽、高三个方向的形状且富有立体感的投影图，这种投影称为轴测投影。用这种方法画出的图称为轴测投影图，简称轴测图。其中投影方向 S 为投射方向，投影面 P 为轴测投影面，形体上的原坐标轴 OX、OY、OZ 在轴测投影面 P 上的投影 O_1X_1、O_1Y_1、O_1Z_1 为轴测轴，如图 6.2 所示为轴测图的形成过程。

2. 轴测图的基本参数

轴测图的基本参数主要有轴测轴、轴间角和轴向伸缩系数。

（1）轴测轴

形体的直角坐标系 OX、OY、OZ 在轴测投影面上的投影称为轴测轴，分别为 O_1X_1、O_1Y_1、O_1Z_1，如图 6.2 所示。

（2）轴间角

轴测轴之间的夹角称为轴间角。如图 6.2 中的 $\angle X_1O_1Y_1$、$\angle X_1O_1Z_1$、$\angle Z_1O_1Y_1$ 即为轴间角。

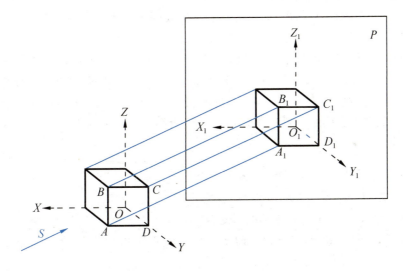

图 6.2 轴测图的形成

（3）轴向伸缩系数

在轴测投影中，平行于空间坐标轴方向的线段，其投影长度与它的实际长度之比，称为轴向变伸缩数。常用字母 p、q、r 来分别表示 OX、OY、OZ 轴的轴向伸缩系数，可表示如下：

OX 轴的轴向伸缩系数 $p = O_1X_1/OX$；

OY 轴的轴向伸缩系数 $q = O_1Y_1/OY$；

OZ 轴的轴向伸缩系数 $r = O_1Z_1/OZ$。

6.1.2 轴测图特性

由于轴测图是根据平行投影原理绘制的，必然具备平行投影的一切特性，利用下面特性可以快速准确地绘制轴测投影图。

1. 平行性

空间互相平行的线段，它们的轴测投影仍然互相平行，如图 6.2 所示，空间形体上的线段 AB 与 CD 平行，其在投影面 P 上的投影 A_1B_1、C_1D_1 仍然平行。因此，形体上与坐标轴平行的线段，其轴测投影必然平行于相应的轴测轴，且其伸缩系数与相应的轴向伸缩系数相同，如图 6.2 中 BC 平行于 OX 轴，轴测投影 B_1C_1 平行于 O_1X_1 轴。而空间不平行坐标轴的线段不具备该特性。

2. 定比性

空间互相平行的两线段长度之比，等于它们的轴测投影长度之比。如图 6.2 所示，空间形体上两线段 AB 与 CD 之比，等于其投影 A_1B_1 与 C_1D_1 之比。因此，形体上平行于坐标轴的线段，其轴测投影长度与实长之比，等于相应的轴向伸缩系数。另外，同一直线上的两线段长度之比，与其轴测投影长度之比也相等。

轴测投影长度＝相应坐标轴的轴向伸缩系数×线段实长

3. 显实性

空间形体上平行于轴测投影面的直线和平面，在轴测图上反映实长和实形，如图 6.2 所示，空间形体上线段 AB、CD 以及由这两条线段组成的平面 $ABCD$ 与投影面 P 相平行，则在轴测图上的投影 A_1B_1、C_1D_1 以及由它们组成的平面 $A_1B_1C_1D_1$ 分别反映线段的实长以及平面的实形。因此，可选择合适的轴测投影面，使形体上的复杂图形与之平行，简化作图过程。

特别提示

根据三面投影图画轴测图时，在正投影图中沿轴长方向（长、宽、高）量取实际尺寸后，利用轴测图特性，根据轴向伸缩系数算出轴测图中的尺寸，再画到轴测图中。

6.1.3 轴测图的分类

1. 按投射方向分类

按照投射方向和轴测投影面相对位置的不同，轴测投影图可以分为以下两类。

（1）正轴测投影图

投射方向 S 垂直于轴测投影面时，可得到正轴测投影图，简称正轴测图。此时，3 个坐标平面均不平行于轴测投影面。

（2）斜轴测投影图

投射方向 S 不垂直于轴测投影面时，可得到斜轴测投影图，简称斜轴测图。为简化作图,一般选一个坐标平面平行于轴测投影面,如选 XOY 坐标平面平行于轴测投影面可得到水平斜轴测投影图,选 XOZ 坐标平面平行于轴测投影面可得到正面斜轴测投影图。

2. 按轴向伸缩系数分类

在上述两类轴测投影图中,按照轴向伸缩系数的不同,又有如下分类。

(1) 正轴测图

正等轴测图:$p=q=r$ 时,简称<u>正等测</u>。

正二轴测图:$p=q\neq r$ 时,或 $q=r\neq p$ 或 $p=r\neq q$ 时,简称<u>正二测</u>。

正三轴测图:$p\neq q\neq r$ 时,简称<u>正三测</u>。

(2) 斜轴测图

斜等轴测图:$p=q=r$ 时,简称<u>斜等测</u>。

斜二轴测图:$p=q\neq r$ 时,或 $q=r\neq p$ 或 $p=r\neq q$ 时,简称<u>斜二测</u>。

斜三轴测图:$p\neq q\neq r$ 时,简称<u>斜三测</u>。

其中,正等轴测图和斜二轴测图在工程上经常使用,本章主要介绍这两种轴测图的绘制方法。

 特别提示

(1) 轴测图是用平行投影法所作的一种单面投影图。

(2) 要想正确绘出正等轴测图和斜二轴测图,首先要熟练掌握其基本概念及轴测图的 3 种特性,其次还要注意两种轴测图的区别,正等轴测图的 3 个轴向伸缩系数都相等,而斜二轴测图是任意两个轴向伸缩系数相等。

6.2 正等轴测图的画法

在轴测图中,当投射方向 S 垂直于轴测投影面 P,空间形体的 3 个坐标轴与轴测投影面的 3 个夹角均相等,当 3 个坐标轴的轴向伸缩系数均相等时,所得到的投影图是正等轴测投影图,简称正等轴测图。正等轴测图的应用比较广泛。

6.2.1 正等轴测图的轴间角和轴向伸缩系数

1. 正等轴测图的轴间角

当投射方向 S 垂直于轴测投影面 P,并且 3 个坐标轴的轴向变形系数均相等时,3 个坐标轴 OX、OY、OZ 与轴测投影面 P 倾角相等,轴间角 $\angle X_1O_1Y_1 = \angle X_1O_1Z_1 = \angle Z_1O_1Y_1 = 120°$。为简化作图,习惯上把 O_1Z_1 轴画成铅垂位置,O_1X_1 轴和 O_1Y_1 轴均与水平线成 30°角,可直接利用 30°三角板作图,如图 6.3 所示。

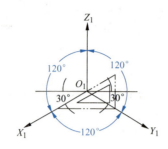

图 6.3　正等轴测图的轴间角

2. 正等轴测图的轴向伸缩系数

根据几何知识,可以得到正等轴测图的轴向伸缩系数 $p=q=r=0.82$。为了作图方便,常采用简化系数,即 $p=q=r=1$,这样可以直接按照实际尺寸作图,但画出的轴测图沿轴向分别约放大了 1.22(1/0.82)倍,形状不变,如图 6.4 所示。

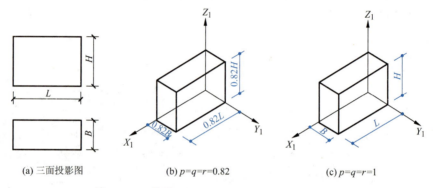

(a) 三面投影图　　　　　(b) $p=q=r=0.82$　　　　　(c) $p=q=r=1$

图 6.4　正等轴测图实际画法的和简化画法对比

6.2.2　平面立体正等轴测图的常用画法

平面立体正等轴测图的常用画法有坐标法、叠加法、端面法、切割法。在实际作图中,应根据形体特点的不同灵活采用。为了使图形清晰,作图时应尽量减少不必要的辅助线,一般先从可见部分作图。同时,要合理利用轴测图的特性,比如平行性等来简化作图。

1. 坐标法

正等轴测图的基本画法是坐标法,即先根据各点的坐标定出其投影,然后依次连线,再形成形体。

【例 6-1】　如图 6.5(a)所示,已知某形体的两面正投影图,画出其正等轴测图。

投影分析如下。

想象空间形体,可知形体底面与水平面相重合,先通过坐标法确定上下底面上的 8 个端点后,连接各点即可作出轴测图。

作图过程如下。

① 在两面正投影图上选定坐标轴,如图 6.5(a)所示;

② 如图 6.5（b）所示，按尺寸 a、b 画出下底面的轴测投影；

③ 过下底面各端点的轴测投影，沿 O_1Z_1 方向向上作直线，分别截取高度 h_1 和 h_2，可得到形体上底面各端点的轴测投影，如图 6.5（c）所示；

④ 连接上底面各端点，画出上底面轴测投影图，可得到形体的轮廓，如图 6.5（d）所示；

⑤ 擦去多余线，把轮廓线加深，即完成形体的正等轴测投影图，如图 6.5（e）所示。

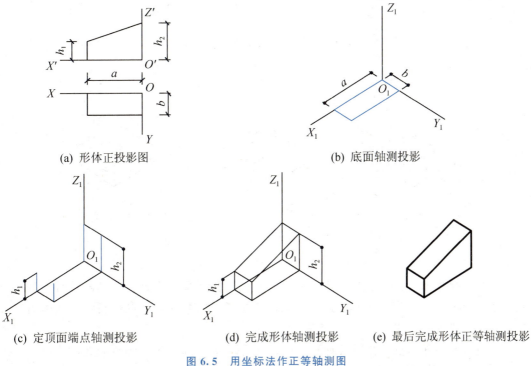

(a) 形体正投影图　　　　　　　　(b) 底面轴测投影

(c) 定顶面端点轴测投影　　(d) 完成形体轴测投影　　(e) 最后完成形体正等轴测投影

图 6.5　用坐标法作正等轴测图

2. 叠加法

组合形体可以看成由几个基本形体叠加而成，其正等测可以分解为几个基本形体的正等轴测图，按照叠加顺序自下至上或自左向右等方法依次逐个叠加。为便于作图，要注意各部分的相对关系，选择合适的顺序。

【例 6-2】 如图 6.6（a）所示，已知一独立基础的两面投影，画出其正等轴测图。

投影分析如下。

由投影图可知，该形体有 3 个基本体自下向上叠加而成：2 个正方体，1 个四棱台。下面是正方体底座，四棱台叠加在底座上，四棱台上方叠加 1 个正方体。可选结合面中心为坐标原点建立坐标系，然后利用对称性，结合坐标法定出形体上下两底面的投影，相连完成独立基础的轴测图。

作图过程如下。

① 在两面投影图上选择坐标系（因为形体是对称形体，我们可以把坐标原点选在结合面的中心），如图 6.6（b）所示。

② 画轴测轴，并按对应的尺寸画出底座的顶面投影和四棱锥台顶面的投影，如

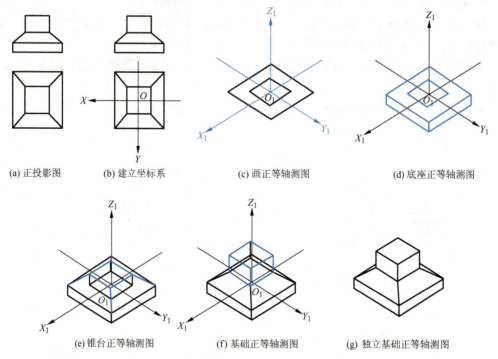

(a) 正投影图　　(b) 建立坐标系　　(c) 画正等轴测图　　(d) 底座正等轴测图

(e) 锥台正等轴测图　　(f) 基础正等轴测图　　(g) 独立基础正等轴测图

图 6.6　根据形体的两面正投影图作正等轴测图

图 6.6（c）所示。

③ 过底座顶面的各顶点向下引 O_1Z_1 的平行线（因为顶面可见，我们可以向下引 3 个顶点的线就行了），长度等于其高度，并依次连接各底面各顶点，得到底座的轴测图，如图 6.6（d）所示。

④ 过锥台顶面的投影各顶点向上引 O_1Z_1 的平行线，高度等于锥台的高，并相应连接锥台顶面和底座顶面的点，得到锥台的轴侧投影，如图 6.6（e）所示。

⑤ 及时擦去锥台中看不见的部分，由锥台顶面投影各顶点向上作 O_1Z_1 的平行线，高度等于上面柱体的高度，并以此连接上面棱柱顶面的各顶点，得到锥台上面棱柱的轴测图，如图 6.6（f）所示。

⑥ 擦去多余线，加深可见轮廓线，得到独立基础的正等轴测图，如图 6.6（g）所示。

3. 端面法

一般先画出反映形体特点的端面的正等测图，然后过该端面上各可见顶点，依次加上平行于某轴的高度或长度，得到另一端面上的各顶点，再依次连接得到形体轴测图的方法，称为端面法。一般情况下，柱体或经过简单切割的形体都可以采用端面法。

【例 6-3】　如图 6.7（a）所示，已知台阶的两面正投影图，画出其正等轴测图。

投影分析如下。

首先想象空间形体，由两面投影图可知，该形体是有三级踏步的台阶，利用端面法绘制台阶前端面的轴测投影，其次过各端点画出台阶宽度，最后连接相应各端点即可得台阶的正等轴测图。

作图过程如下。
① 在两面正投影图上选定坐标轴,如图6.7(a)所示;
② 如图6.7(b)所示,画出正等轴测投影轴,绘制台阶前端面的轴测投影;
③ 过前端面各端点加台阶宽度,如图6.7(c)所示;
④ 连接后端面各端点,得台阶的正等轴测图,如图6.7(d)所示;
⑤ 擦去多余线,把轮廓线加深,即完成台阶的正等轴测图,如图6.7(e)所示。

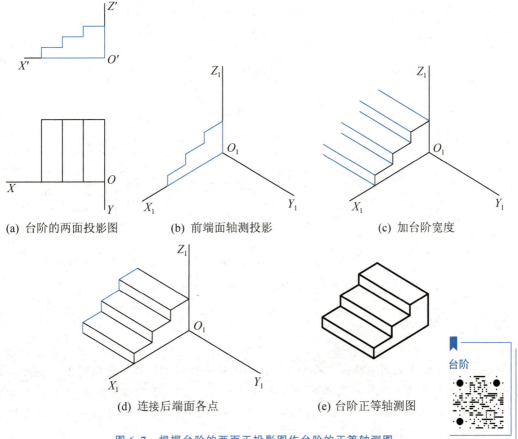

(a) 台阶的两面投影图　　(b) 前端面轴测投影　　(c) 加台阶宽度

(d) 连接后端面各点　　(e) 台阶正等轴测图

图 6.7　根据台阶的两面正投影图作台阶的正等轴测图

4. 切割法

切割法是将组合体看成是由基本体切割而成的。一般都先把切割体还原成长方体,依次切割得到组合体的轴测图。

【例 6-4】　已知形体的两面投影,画出形体的正等轴测图,如图6.8(a)所示。

投影分析如下。

该形体可以看作是一个长方体被切去一个长方体和三棱柱两部分而形成,其正等轴测图可以用切割法绘制,如图6.8(b)所示。

作图过程如下。
① 画出轴测轴,画出没有被切割前的长方体,如图6.8(c)所示。
② 在轴测图中切去如图6.8(d)所示的虚线部分(长方体)。

③ 在轴测图中切去如图 6.8（e）所示的虚线部分（三棱柱）。
④ 擦去多余线，加粗可见轮廓线，即得到该形体的正等轴测图，如图 6.8（f）所示。

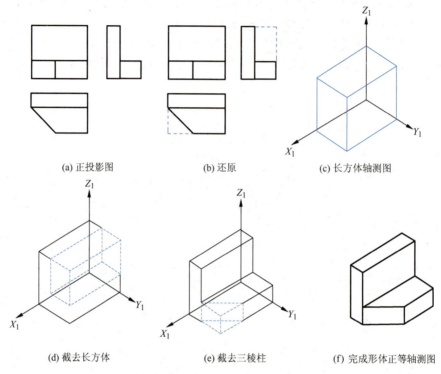

(a) 正投影图　　　(b) 还原　　　(c) 长方体轴测图

(d) 截去长方体　　(e) 截去三棱柱　　(f) 完成形体正等轴测图

图 6.8　用切割法作形体的正等轴测图

特别提示

一个形体究竟采用坐标法、叠加法、端面法还是切割法绘制正等轴测图，不是一成不变的，选择角度不一样，采用的方法也就不一样，在实际画图中，我们可以灵活运用。如例 6-4 中的形体，我们采用的切割法，我们也可以采用如图 6.9 所示的叠加法来画该形体的正等轴测图。

6.2.3　曲面体正等轴测图的画法

1. 圆的正等轴测图的画法

在工程中经常会遇到曲面立体，也就不可避免地会遇到圆与圆弧的轴测画法。为简化作图，在绘图中，一般使圆所处的平面平行于坐标面，从而可以得到其正等轴测投影为椭圆。作图时，一般以圆的外切正方形为辅助线，先画出其轴测投影，再用四圆心法近似画出椭圆。

现以水平圆为例，介绍其正等轴测图的画法。

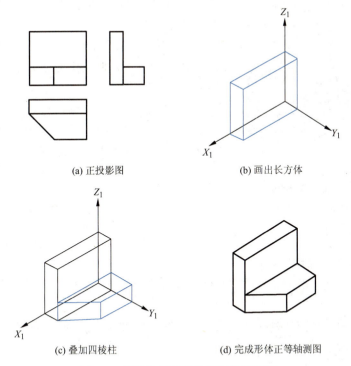

图 6.9　用叠加法作形体的正等轴测图

作图过程如下。

① 在已知正投影上，选定坐标原点和坐标轴，作出圆的外切正方形，定出外切正方形与圆的 4 个切点，如图 6.10（a）所示。

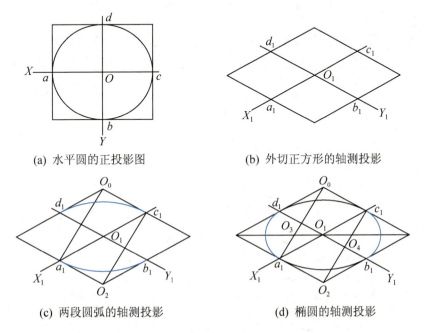

图 6.10　四圆心法作水平圆的正等轴测图

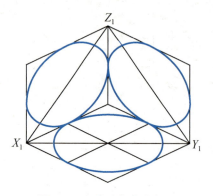

图 6.11 3 个坐标面上相同
直径圆的正等轴测图

② 画正等轴测轴和圆外切正方形的轴测投影，如图 6.10（b）所示。

③ 以 O_0 为圆心，O_0a_1 为半径作圆弧 a_1b_1；以 O_2 为圆心，O_2c_1 为半径作圆弧 c_1d_1，如图 6.10（c）所示。

④ 连接菱形长对角线，与 O_0a_1 交于 O_3，与 O_2c_1 交于 O_4。以 O_3 为圆心，O_3d_1 为半径作圆弧 d_1a_1；以 O_4 为圆心，O_4c_1 为半径作圆弧 c_1b_1，如图 6.10（d）所示。以 4 段圆弧组成的近似椭圆，即为所求圆的正等测投影。

同理可作出正平圆和侧平圆的正等轴测图，3 个坐标面上相同直径圆的正等轴测图，如图 6.11 所示，均为形状相同的椭圆。

2. 曲面体正等轴测图的画法

【例 6-5】 如图 6.12（a）所示，已知圆台的两面正投影图，画出其正等轴测图。

投影分析如下。

由投影图可知，该形体是一个圆台。绘正等轴测图时，放置空间形体使上下两底面均平行于水平面，应用四圆心法可得到椭圆，便于作图。

作图过程如下。

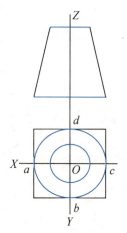

(a) 圆台的正投影图

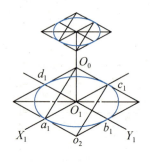

(b) 上下底圆的轴测投影

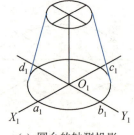

(c) 圆台的轴测投影

(d) 圆台最终轴测投影

图 6.12 圆台的正等轴测图

① 在投影图上选定坐标系，以底面圆心为坐标圆点，作圆的外切正方形，如图 6.12（a）所示。

② 用四圆心法作出上下底面的投影——椭圆，如图 6.12（b）所示。

③ 作上下底面投影——椭圆的公切线，即成形体的轴测图，如图 6.12（c）所示。

④ 擦去多余线，加粗外轮廓线，即得形体的最终正等轴测图，如图 6.12（d）所示。

【例 6-6】 如图 6.13（a）所示，已知形体的两面正投影图，画出其正等轴测图。

投影分析如下。

由投影图可知，该形体由一个圆柱和一个圆锥组成，可利用叠加法作图。为便于作图，放置形体使圆形底面平行于水平面，应用四圆心法可得到椭圆，向上、下加上高度后便可成图。

作图过程如下。

① 在投影图上选定坐标系，以结合面圆心为坐标圆点，如图 6.13（a）所示。

② 以底面圆心为坐标圆点，作圆的外切正方形，如图 6.13（b）所示。

③ 用四圆心法作出圆柱上下底面及圆锥下底面的投影——椭圆，如图 6.13（c）所示。

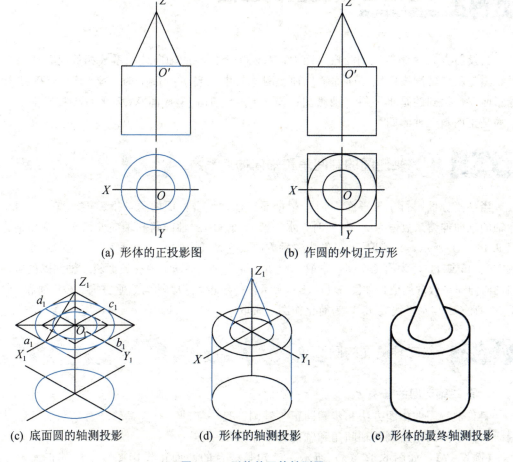

(a) 形体的正投影图　　(b) 作圆的外切正方形

(c) 底面圆的轴测投影　(d) 形体的轴测投影　(e) 形体的最终轴测投影

图 6.13　形体的正等轴测图

④ 作圆柱上下底面投影——椭圆的公切线，即成圆柱的轴测图，如图 6.13（d）所示。

⑤ 沿 Z 向加上圆锥的高度，过顶点作椭圆的公切线，即成圆锥的轴测图，如图 6.13（d）所示。

⑥ 擦去多余作图线，加粗外轮廓线，即得形体的最终正等轴测图，如图 6.13（e）所示。

特别提示

正等轴测图绘制常用简化的轴向变形系数 1；平面体正等轴测图与曲面体的画法不同处主要在于，后者要作出圆的正等轴测图，常用四圆心法。

6.3 斜二轴测图的画法

当投射方向 S 倾斜于轴测投影面 P，且两个坐标轴的轴向伸缩系数相等时，所得到的投影图是斜二轴测投影图，简称斜二轴测图。其中，当 $p=q\neq r$ 时，坐标面 XOY 平行于投影面 P，得到的是水平斜二轴测图；当 $p=r\neq q$ 时，坐标面 XOZ 平行于投影面 P，得到的是正面斜二轴测图。

6.3.1 斜二轴测图的轴间角和轴向伸缩系数

当某坐标面平行于投影面 P 时，根据显实性，该坐标面的两轴投影仍垂直，且两个坐标轴的轴向伸缩系数恒为 1。作图时，水平斜二轴测图的轴间角和轴向伸缩系数常用值，如图 6.14（a）所示，一般取 O_1Z_1 轴为铅垂方向，O_1X_1 轴和 O_1Y_1 轴垂直，且 O_1X_1 与水平线成 30°、45°或 60°，为简化作图，常取 $r=1$，即有 $p=q=r=1$。正面斜二轴测图的轴间角和轴向伸缩系数常用值，如图 6.14（b）所示，一般也取 OZ 轴为铅垂方向，OX 轴和 OZ 轴垂直，且 OY 与水平线成 45°，为简化作图，常取 $q=0.5$，即有 $p=r=1$，$q=0.5$。

6.3.2 斜二轴测图的画法

1. 斜二轴测图的画法

斜二轴测图的作图方法和步骤同正等轴测图是一样的，有坐标法、叠加法、切割法和端面法，不同的是所画的轴间角和轴向伸缩系数不一样。

【例 6-7】 如图 6.15（a）所示，已知某棱台的两面正投影图，画出其正面斜二轴测图。

第 6 章 轴测投影

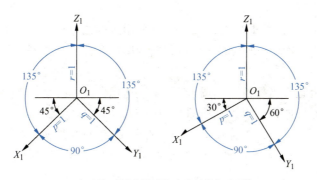

(a) 水平斜二轴测图的轴间角和轴向变形系数

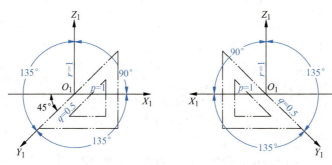

(b) 正面斜二轴测图的轴间角和轴向变形系数

图 6.14 斜二轴测图的轴间角和轴向变形系数

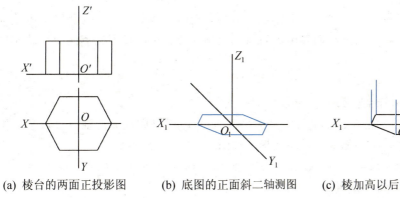

(a) 棱台的两面正投影图　(b) 底图的正面斜二轴测图　(c) 棱加高以后的正面斜二轴测图

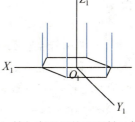

(d) 棱台的正面斜二轴测图　(e) 棱台最终的斜二轴测图

六角螺母

图 6.15 棱柱正面斜二轴测图的画法

121

投影分析如下。

由投影图可知，该形体是一个六棱柱，可利用坐标法作图。根据题意，放置形体使下底面平行于水平面，得到6顶点的正面斜二轴测图后，向上加上高度便可成图。

作图过程如下。

① 在投影图上选定坐标系，如图6.15（a）所示。

② 作出棱柱底面的正面斜二轴测图，如图6.15（b）所示。

③ 在棱柱底面的6个顶点上加上高度，如图6.15（c）所示。

④ 连接上底面6个顶点的轴测投影，即成棱柱的正面斜二轴测图，如图6.15（d）所示。

⑤ 擦去多余作图线，加粗外轮廓线，即得棱台最终的斜二轴测图，如图6.15（e）所示。

特别提示

在绘制轴测图时不可见的轮廓线不画。

2. 轴测图的选择

（1）由于正面斜二轴测图中，形体的正面投影反映实形，所以对于正面投影形状较为复杂的圆弧、曲线等造型较多时，常用正面斜二轴测图作为辅助工程图纸。

【例6-8】 已知形体的两面投影，如图6.16（a）所示，画出形体的斜二轴测图。

投影分析如下。

由形体的正面投影可以看出，形体是一个曲面立体，如果用正等轴测图，应该画成椭圆，比较麻烦。但是，如果我们采用正面斜二轴测图时，正面投影轴测图中反映实形，作图就方便了。

作图过程如下。

① 建立轴测坐标系，如图6.16（b）所示。

② 因为该形体的正面投影平行于坐标平面XOZ，所以后端面的轴测投影与正投影图的后端面形状一样，大小相等，反映实形，如图6.16（c）所示。

③ 形体后端面沿O_1Y_1方向移动$0.5B$，如图6.16（d）所示。

④ 画棱线和半圆的公切线，如图6.16（e）所示。

⑤ 擦去多余的线，加粗图线，得到形体的斜二轴测图，如图6.16（f）所示。

当形体有一个投影为圆或圆弧，但不是正面投影时的形体，可以转化为正面投影。

【例6-9】 已知形体的两面正投影，画出其斜二轴测图，如图6.17（a）所示。

投影分析如下。

由形体的投影图可以看出，水平投影为圆，斜二轴测图是椭圆。但是我们可以把它们想象成两个圆柱水平放置，正面投影为圆。这样，我们就可以用正面斜二轴测图来绘制该形体的轴测投影了。

作图过程如下。

① 由于形体水平投影为圆形，为简化作图，可放置形体使圆面平行于正立投影面，

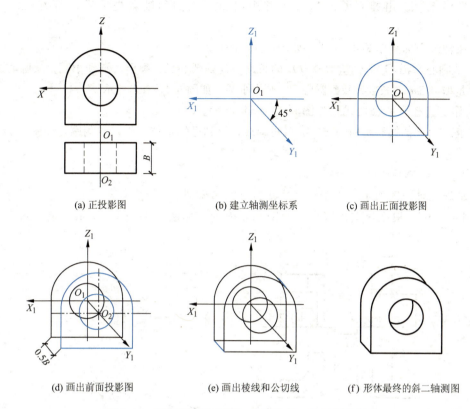

图 6.16　正面投影有圆弧、曲线的斜二轴测图的画法

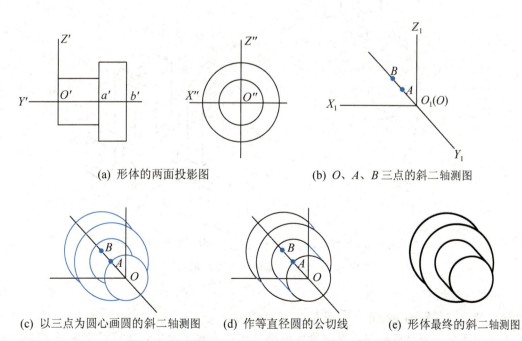

图 6.17　侧面投影有圆弧、曲线的斜二轴测图的画法

并设置坐标系,定出圆心 O、A、B,并画出斜二轴测图轴测坐标系,如图 6.17(b)所示。

② 在轴测坐标系中画出 O 圆,如图 6.17(c)所示。

③ 从圆心 O 沿 O_1Y_1 轴量取 $0.5Oa$ 的长度,找到圆心 A,画出大圆和小圆,从圆心 A 沿 O_1Y_1 轴量取 $0.5ab$ 的长度,找到圆心 B,画出小圆,如图 6.17(c)所示。

④ 作等直径圆的公切线,如图 6.17(d)所示。

⑤ 擦去多余的线和遮挡的线,加粗轮廓线,得到已知形体的斜二轴测图,如图 6.17(g)所示。

3. 水平斜二轴测图

水平斜二轴测图的主要用于小区或建筑物的鸟瞰图。

【例 6-10】 根据建筑小区的平面图和立面图,如图 6.18(a)所示,画出水平斜二轴测图。

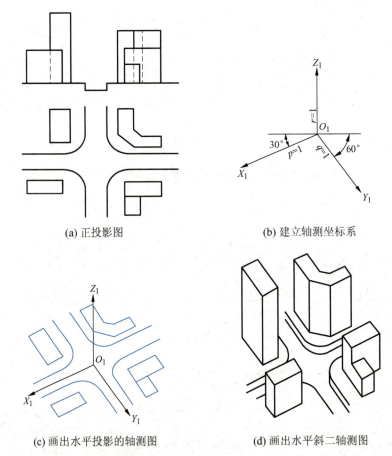

(a) 正投影图　　(b) 建立轴测坐标系

(c) 画出水平投影的轴测图　　(d) 画出水平斜二轴测图

图 6.18　建筑小区的水平斜二轴测图

作图过程如下。

① 建立水平轴测坐标系,如图 6.18(b)所示。

② 由于各房屋高度不一,而房屋底面都处于同一水平面上,所以可先将平面图旋转 30°画出底面和道路,如图 6.18(c)所示。

③ 根据 V 面投影所示的高度向上分别画出各建筑高度线和屋顶轮廓线,擦去多余的和被遮挡的线条,加粗轮廓线,得到小区的水平斜二轴测图,如图 6.18(d)所示。

特别提示

斜二轴测图主要用于表示仅在一个方向有圆或圆弧的形体,当形体在两个或两个以上方向有圆或圆弧时,通常采用正等轴测图的方法绘制轴测图。

斜二轴测图在工程图中主要用于绘制管道系统图。

本章回顾

本章主要介绍了轴测图的基本知识和绘制方法。轴测图的优点是:能比较清楚地反映出形体的立体形状,具有较强的立体感,常用作工程上的辅助图纸。通过本章的学习,要求掌握如下内容。

(1) 轴测图的基本参数有轴测轴、轴间角和轴向变形系数,轴测图的基本种类有正等轴测图和斜二轴测图。不同的轴测图,其基本参数选取有所不同,应注意区分。

(2) 熟练掌握用坐标法、叠加法、切割法和端面法等绘制平面体正等轴测图和曲面体正等轴测图的方法。

(3) 掌握平面体斜二轴测图和仅在一个方向有圆或圆弧的曲面体斜二轴测图的绘制。

想一想

1. 轴测图的基本分类有哪些?
2. 轴测图的基本特性有哪些?
3. 正等轴测图和斜二轴测图的绘制有哪些差别?
4. 轴测图的绘制方法有哪些?

第 7 章 剖面图与断面图

思维导图

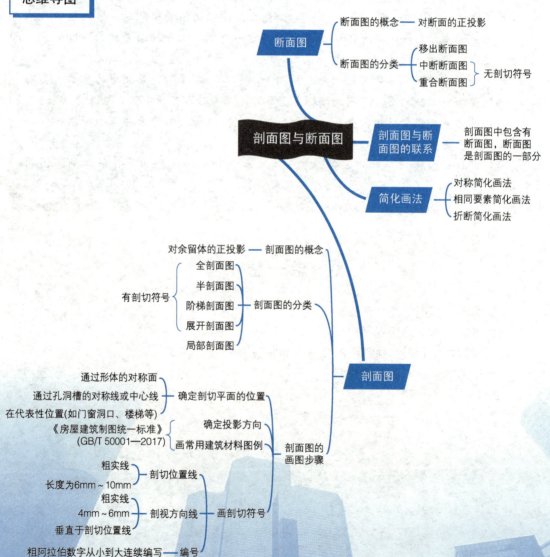

第7章 剖面图与断面图

🏠 引言

前面介绍了三面正投影图和轴测图,通过对投影图的识读和简单投影图的绘制,希望学生拥有基本阅读能力和绘制能力。在建筑工程图中,形体的可见轮廓线用粗实线,不可见轮廓线用虚线表示。当建筑形体内部构造和形状比较复杂时,如采用一般视图进行表达,在投影图中会有很多虚线与实线重叠,难以分清,不能清晰地表达形体,建筑材料的性质也无法表达清楚,也不利于标注尺寸和识读,为了解决形体内部的表达问题,制图标准中用剖面图来表示。

7.1 剖面图

7.1.1 剖面图的概念

假想用一个特殊的平面(剖切面)将物体剖开,然后移去观察者和剖切面之间的部分,把原来形体内部不可见的部分变为可见,用正投影的方法对留下来的形体进行投影所得到的正投影图,称为剖面图。

如图 7.1(a)所示独立基础轴测图,其基槽内部投影在正面投影中看不到,为虚线,如图 7.1(b)所示,这样图面表达不清楚,给读图带来困难。为了清楚地表示图中基槽内部,用一假想的通过基础前后对称面的平面将基础剖开,如图 7.1(c)所示的剖切过程,把观察者和假想平面之间的部分移开,内部基槽可见,用正投影的方法向 V 面进行投影,这样得到的正视图就是剖面图。这时杯形基础的内部形状表达得非常清楚,如图 7.1(d)所示。

7.1.2 剖面图的画图步骤

1. 确定剖切平面的位置和数量

在对形体进行剖切作剖面图时,首先要确定剖切平面的位置,剖切平面的位置应使形体在剖切后投影的图形能准确、清晰、完整地反映所要表达形体的真实形状。因此,在选择剖切平面的位置时应注意以下方面。

(1) 剖切平面应平行于投影面,使断面在投影图中反映真实性状,如图 7.1(d)所示。

(2) 剖切平面应通过形体的对称面,或过孔、洞、槽的对称线或中心线,或过有代表性的位置,如图 7.1(c)所示。

有时要表达一个形体时,一个剖面图并不能很好、完整地表达形体,这时就需要几个剖面图。剖面图的数量与形体本身的复杂程度有关,形体越复杂,需要的剖面图就越多;简单的形体,一个或两个剖面图就够了,有些形体甚至不需要画剖面图,只要投影图即可,在实际作图时需要具体问题具体对待。

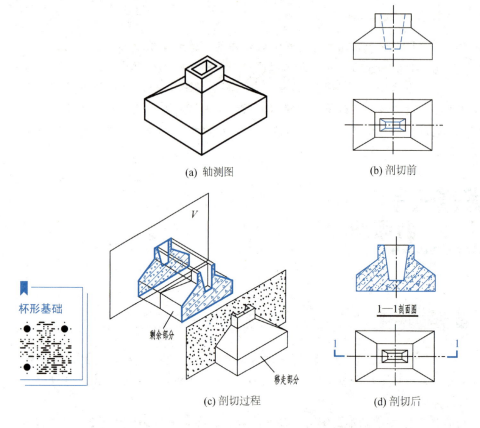

图 7.1　独立基础

2. 确定投影方向

确定投影方向以后，画出剩余形体的投影。

特别提示

（1）由于剖切平面是假想的，其形体并没有被真的切去，因此当形体的一个视图画成剖面图后，其他看到的部分仍应完整地画出，不受剖面图的影响，并且除剖面图外，其他视图仍应画出它的全部投影。

（2）为了区分形体中被剖切平面剖到的部分和未被剖到的部分，《房屋建筑制图统一标准》（GB/T 50001—2017）规定，在形体剖面图中被剖切平面剖到的轮廓线用 $0.7b$ 线宽的实线绘制，未被剖切平面剖到但沿投射方向可以看到的部分，用 $0.5b$ 线宽的实线绘制。

（3）各剖面图应按正投影法绘制。

3. 在断面内画材料的图例

形体被剖切后，形体的断面反映了其所采用的材料，因此，在剖面图中，应在断面上画出相应的材料图例。表 7-1 是《房屋建筑制图统一标准》（GB/T 50001—2017）规定的常用建筑材料图例，画图时应按国家标准执行。

第7章 剖面图与断面图

表 7-1　常用建筑材料图例

序号	名　　称	图　　例	备　　注
1	自然土壤		包括各种自然土壤
2	夯实土壤		—
3	砂、灰土	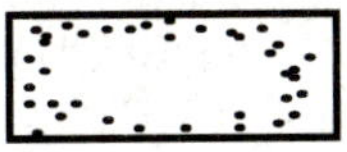	靠近轮廓线较密的点
4	砂砾石、碎砖三合土	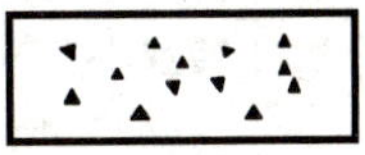	—
5	石材	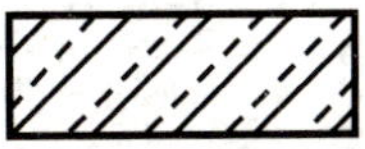	—
6	毛石		—
7	实心砖、多孔砖	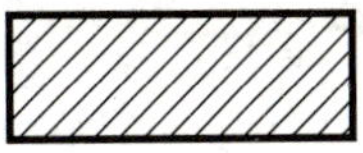	包括普通砖、多孔砖、混凝土砖等砌体
8	耐火砖	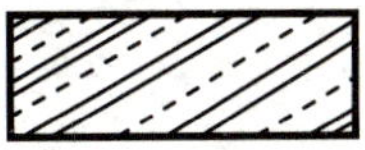	包括耐酸砖等砌体
9	空心砖、空心砌块	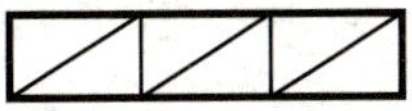	包括空心砖、普通或轻骨料混凝土小型空心砌块等砌体
10	加气混凝土	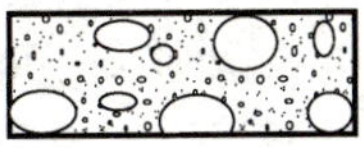	包括加气混凝土砌块砌体、加气混凝土墙板及加气混凝土材料制品等
11	饰面砖		包括铺地砖、玻璃马赛克、陶瓷锦砖、人造大理石等
12	焦渣、矿渣	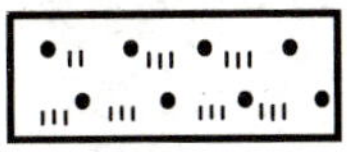	包括与水泥、石灰等混合而成的材料
13	混凝土	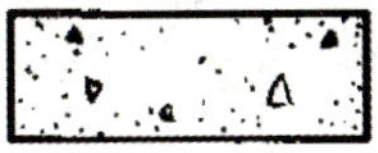	(1) 包括各种强度等级、骨料、添加剂的混凝土； (2) 在剖面图上绘制表达钢筋时，不需绘制图例线；
14	钢筋混凝土		(3) 断面图形较小，不易绘制表达图例线时，可涂黑或深灰（灰度宜为70%）

续表

序号	名 称	图 例	备 注
15	多孔材料		包括水泥珍珠岩、沥青珍珠岩、泡沫混凝土、软木、蛭石制品等
16	纤维材料	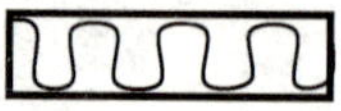	包括矿棉、岩棉、玻璃棉、麻丝、木丝板、纤维板等
17	泡沫塑料材料	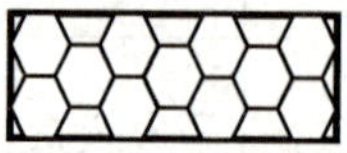	包括聚苯乙烯、聚乙烯、聚氨酯等多孔聚合物类材料
18	木材		(1) 上图为横断面，左上图为垫木、木砖或木龙骨； (2) 下图为纵断面
19	胶合板	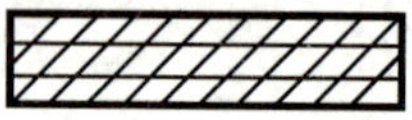	应注明为 x 层胶合板
20	石膏板	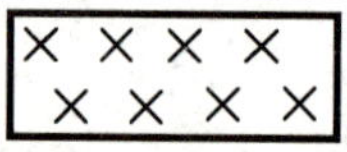	包括圆孔或方孔石膏板、防水石膏板、硅钙板、防火石膏板等
21	金属	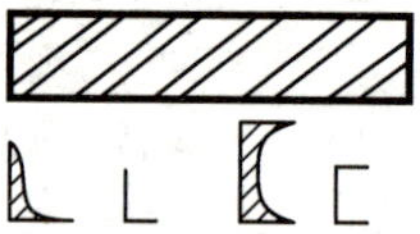	(1) 包括各种金属； (2) 图形小时，可涂黑或深灰（灰度宜为70%）
22	网状材料		(1) 包括金属、塑料网状材料； (2) 应注明具体材料名称
23	液体	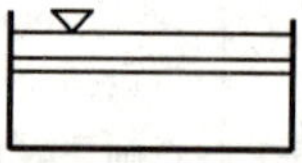	应注明具体液体名称
24	玻璃		包括平板玻璃、磨砂玻璃、夹丝玻璃、钢化玻璃、中空玻璃、夹层玻璃、镀膜玻璃等
25	橡胶		—
26	塑料	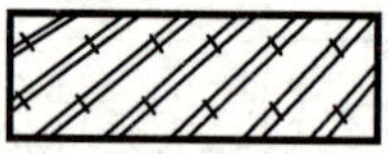	包括各种软、硬塑料及有机玻璃等
27	防水材料		构造层次多或绘制比例大时，采用上面图例
28	粉刷		本图例采用较稀的点

注：① 本表中所列图例通常在1:50及以上比例的详图中绘制表达。
② 如需表达砖、砌块等砌体墙的承重情况时，可通过在原有建筑材料图例上增加填灰等方式进行区分，灰度宜为25%左右。
③ 序号1、2、5、7、8、14、15、21图例中的斜线、短斜线、交叉斜线等均为45°。

第7章 剖面图与断面图

 **特别提示**

(1) 在画砖、钢筋混凝土、金属等的图例符号时,应画成与水平线成 45°的细实线,并且同一物体在各个剖面图中的剖面线方向、间距应相同。

(2) 当建筑材料不明时,可用等间距的 45°斜线表示。

(3) 当图形比例小于 1∶50 时,钢筋混凝土材料涂黑,不绘制其他材料图例。

4. 画剖切符号

因为剖面图本身不能反映清楚剖切平面的位置,并且剖切平面位置和投影方向不同,所得到的投影图也不同。所以,必须在其他投影图上标出剖切平面位置和投影方向,需要用剖切符号来表示,如图 7.2 所示。《房屋建筑制图统一标准》(GB/T 50001—2017)规定剖切符号由剖切位置线、剖视方向线组成。建(构)筑物剖面图的剖切符号应注在±0.000 标高的平面图或首层平面图上。

(1) 剖切位置线

剖切位置线表示剖切平面的位置。用两段长度为 6~10 mm 的粗实线表示(其延长线为剖切平面的积聚投影)。

(2) 剖视方向线

剖视方向线用 4~6 mm 的粗实线表示,剖视方向线与剖切位置线垂直相交,剖视方向线表示了投影方向,如画在剖切位置线的右边表示由左向右进行投影。

剖切符号的编号采用粗阿拉伯数字从小到大连续编写,按剖切顺序由左至右、由下至上连续编排,并应注写在剖视方向线的端部。

 **特别提示**

(1) 绘制剖面图时,剖切位置线不应与图面上的其他图线相交。

(2) 当剖切位置线需要转折时,应在转角的外侧加注与该符号相同的编号,剖切符号具体画法如图 7.2 所示。

(3) 剖切符号不应与其他图线相交。

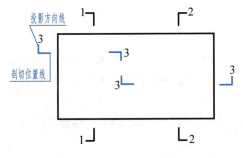

图 7.2 剖面图的剖切符号

5. 剖面图的名称标注

在剖面图的下方应标注剖面图的名称，如"×—×剖面图"，并在图名的正下方画一条粗实线，长度以图名所占长度为准，如图7.1（d）所示。

7.1.3 剖面图的分类

在画剖面图时，根据形体内部和外部结构特点，剖切平面的位置、数量、剖切方法也不同。一般情况下剖面图分为全剖面图、半剖面图、阶梯剖面图、局部剖面图、展开剖面图。

1. 全剖面图

假想用单一平面将形体全部剖开后所得到的投影图，称为全剖面图。它多用于在某个方向上视图形状不对称或外形虽对称形状却较简单的物体，如例7-1。

【例7-1】 将图7.3所示台阶的左侧立面图改画成剖面图。

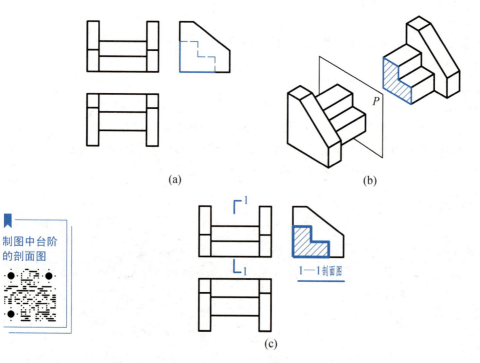

图 7.3 全剖面图

分析过程如下。

如图7.3（a）、图7.3（b）所示台阶的投影图和直观图，可以看出台阶外形简单，左侧立面图不对称，并且出现了虚线，为了更好地表达形体的特征，把其左侧立面图改为全剖面图。

作图过程如下。

① 如图7.3（b）所示，选一个假想的侧平面P，确定其位置，把P面与观察者之间的部分拿走。

② 根据投影规律，作出台阶剩余部分的投影。

③ 在断面内画出材料的图例。
④ 在正立面图中标注剖切符号。
⑤ 在左侧立面图下标注剖面图的名称。

2. 半剖面图

当形体左右对称或前后对称，而外形比较复杂时，常把投影图一半画成视图（外形图），另一半画成剖面图，这样组合的投影图称为半剖面图。这样作图可以同时表达形体的外形和内部结构，并且可以节省投影图的数量，如图 7.4 所示。

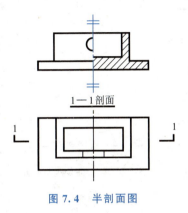

图 7.4　半剖面图

 特别提示

（1）在半剖面图中，半个投影图与半个剖面图之间应以中心线——单点长画线为界，不应画成粗实线。
（2）半个剖面图一般应画在水平对称轴线的下侧或竖直对称轴线的右侧。

3. 阶梯剖面图

当形体内部结构层次较多，用一个剖切平面不能将形体内部结构全部表达出来时，可以用几个互相平行的平面剖切形体，这几个互相平行的平面可以是一个剖切面转折成几个互相平行的平面，这样得到的剖面图称为阶梯剖面图，如图 7.5（a）所示。

 特别提示

（1）因为剖切平面是假想的，所以剖切平面的转折处不画分界线，如图 7.5（b）所示。
（2）阶梯剖面图的剖切位置，除了在两端标注外，还应在两平面的转折处画出剖切符号，如图 7.5（a）所示。
（3）阶梯剖面图的几个剖切平面应平行于某个基本投影面。

4. 局部剖面图

当只需要表达形体某局部的内部构造时，用剖切平面局部地剖开形体，只作该部分的

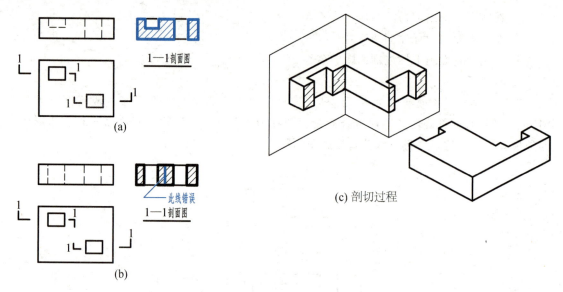

图 7.5 阶梯剖面图

剖面图,称为局部剖面图。图 7.6 所示为独立基础的局部剖面图。

 特别提示

> (1) 在工程图纸中,正投影图中主要是表达钢筋的配置情况,所以图中未画钢筋混凝土图例。
>
> (2) 作局部剖面图时,剖切平面的位置与范围应根据形体需要而定,剖面图与原投影图用波浪线分开,波浪线表示形体断裂痕迹的投影,因此波浪线应画在形体的实体部分。波浪线既不能超出轮廓线,也不应与图形中其他图线重合。
>
> (3) 局部剖面图画在形体的视图内,所以通常无须标注。

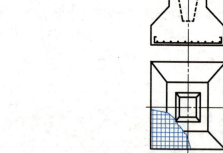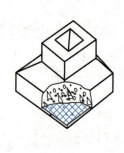

图 7.6 独立基础局部剖面图

在建筑工程和装饰工程中,常使用分层剖切的剖面图来表达屋面、楼面、地面、墙面等的构造和所用材料。分层剖切的剖面图是用几个互相平行的剖切平面分别将物体局部剖开,把几个局部剖面图重叠画在一个投影图上。图 7.7 所示为楼面各层所用材料及构造做法的分层剖切的剖面图。

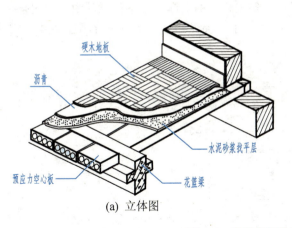
(a) 立体图

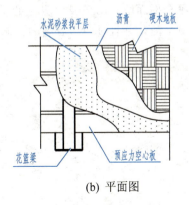
(b) 平面图

图 7.7　分层剖切的剖面图

特别提示

（1）分层剖切一般不标注剖切符号。
（2）在画分层剖面图时，应按层次以波浪线将各层隔开。
（3）波浪线不应与任何图形重合。

5. 展开剖面图

用两个相交的剖切平面剖切形体，剖切后将剖切平面后的形体绕交线旋转到与基本投影面平行再投影，所得到的投影图称为展开剖面图，应在图名后注写"展开"字样，如图 7.8 所示。

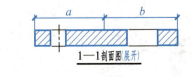

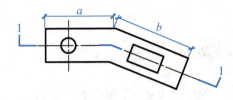

图 7.8　展开剖面图

特别提示

画图时，应先旋转后作投影图。

【例 7-2】 图 7.9 所示的是剖面图在建筑工程中的实际应用案例。其中平面图是一个水平全剖面图,用来表示房屋的平面布置;1—1 剖面图也是一个全剖面图,其剖切平面为侧平面,并且过门和后墙的窗洞口。

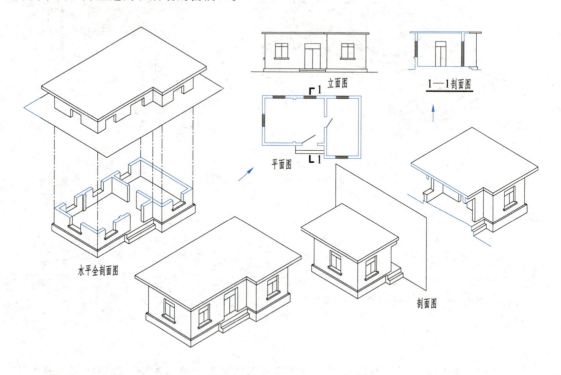

图 7.9 应用案例

7.2 断面图

7.2.1 断面图的基本概念

断面图是用假想的剖切平面将形体断开,移开剖切平面与观察者之间的部分,用正投影的方法,仅画出形体与剖切平面接触部分的平面图形,而剖切后按投影方向可能见到形体其他部分的投影不画,并在图形内画上相应材料图例的投影图,如图 7.10 所示。

特别提示

断面图常用来表示形体局部断面形状。

7.2.2 断面图的标注

(1) 用剖切位置线表示剖切平面的位置,用长度为 6~10 mm 的粗实线绘制。

(2) 在剖切位置线的一侧标注剖切符号的编号,按顺序连续编排,编号所在的一侧应为该断面剖切后的投影方向。

(3) 在断面图下方标注断面图的名称,如×—×,并在图名下画一粗实线,长度以图名所占长度为准,如图 7.10(b)所示。

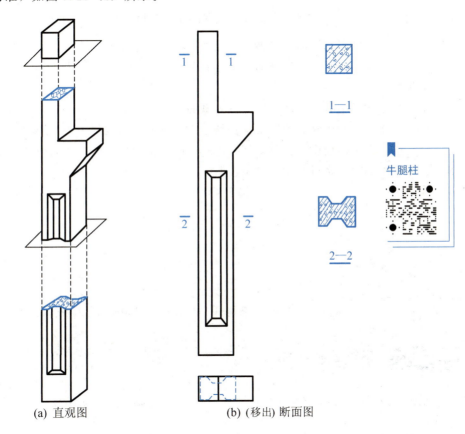

(a) 直观图　　　　　(b) (移出) 断面图

图 7.10　断面图

7.2.3 断面图与剖面图的区别与联系

断面图与剖面图的对比,如图 7.11 所示。

(1) 在画法上,断面图只画出形体被剖开后断面的投影,而剖面图除了要画出断面的投影,还要画出沿投影方向能看到的部分。

(2) 断面图是断面的投影,剖面图是形体被剖开后体的投影。

(3) 剖切符号不同。剖面图用剖切位置线、剖视方向线和编号来表示,断面图则只画剖切位置线与编号,用编号的注写位置来代表剖视方向。

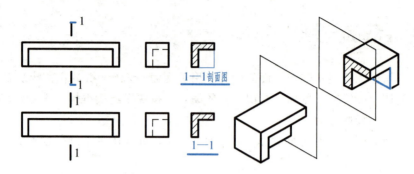

图 7.11 剖面图与断面图的对比

（4）剖面图的剖切平面可以转折，断面图的剖切平面不能转折。

（5）剖面图是为了表达形体的内部形状和结构，断面图常用来表达形体中某一个局部的断面形状。

（6）剖面图中包含断面图，断面图是剖面图的一部分。

（7）在形体剖面图和断面图中被剖切平面剖到的轮廓线都用粗实线绘制。

（8）剖面图或断面图，如与被剖图纸不在同一张图内，应在剖切位置线的另一侧注明其所在图纸的编号，也可在图上集中说明，如图 7.12 所示。

图 7.12 剖面图与断面图与被剖图纸不在同一张图内的表示

7.2.4 断面图的分类

根据断面图所在的位置不同，断面图分为移出断面图、中断断面图和重合断面图 3 种形式。

1. 移出断面图

把断面图画在形体投影图的轮廓线之外的断面图称为移出断面图，如图 7.10（b）所示。

特别提示

（1）断面图应尽可能地放在投影图的附近，以便于识图。

（2）断面图也可以适当地放大比例，以便于标注尺寸和清晰地表达内部结构。

（3）在实际施工图中，如梁、基础等都用移出断面表达其形状和内部结构。

2. 中断断面图

把断面图直接画在视图中断处的断面图称为中断断面图，如图 7.13 所示。

图 7.13　中断断面图

 特别提示

（1）断面轮廓线用粗实线。
（2）中断断面图不需要标注。
（3）中断断面图适用于表达较长并且只有单一断面的杆件及型钢。

3. 重合断面图

把断面图直接画在投影图轮廓线之内，使断面图与投影图重合在一起的断面图称为重合断面图，如图 7.14 所示。

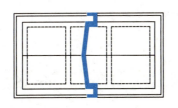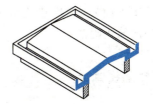

图 7.14　重合断面图

 特别提示

（1）重合断面图的比例必须和原投影图的比例一致。
（2）重合断面图不需标注。
（3）断面图的轮廓线可能闭合（图 7.15），也可能不闭合（图 7.16）。当断面图不闭合时，应在断面图的轮廓线之内沿着轮廓线边缘加画 45°细实线。

图 7.15　轮廓线闭合的重合断面图

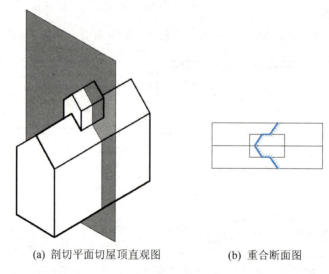

(a) 剖切平面切屋顶直观图　　　　(b) 重合断面图

图 7.16　轮廓线不闭合的重合断面图

7.3　简化画法

为了读图和绘图方便，《房屋建筑制图统一标准》（GB/T 50001—2017）规定了以下在工程图纸中常用的简化画法。

7.3.1　对称简化画法

构配件的视图有一条对称线，可只画该视图的一半；视图有两条对称线，可只画该视图的 1/4，并画出对称符号，如图 7.17 所示。对称符号用两段长度为 6~10 mm，间距为 2~3mm 的平行线表示，线宽宜为 0.5b，对称线应垂直平分于两对平行线，两端超出平行线宜为 2~3mm。图形也可稍超出其对称线，此时可不画对称符号，如图 7.18 所示。

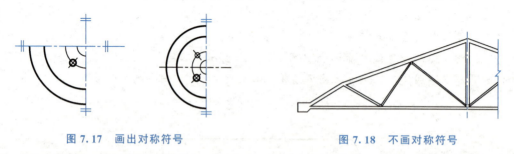

图 7.17　画出对称符号　　　　　　　图 7.18　不画对称符号

7.3.2　相同要素简化画法

当构配件内有多个完全相同且连续排列的构造要素时，可仅在两端或适当位置画出其完整形状,其余部分以中心线或中心线交点表示,如图 7.19 所示。

7.3.3 折断简化画法

较长的构件,如沿长度方向的形状相同或按一定规律变化,可断开省略绘制,断开处应以折断线表示,如图 7.20 所示。

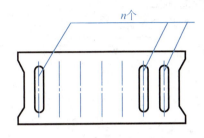

图 7.19 相同要素简化画法

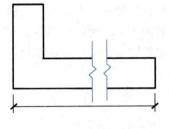

图 7.20 折断简化画法

 特别提示

在用折断画法进行标注时,尺寸应是实际尺寸。

本章回顾

本章是从投影知识到建筑工程制图、识图的一个过渡,是绘制和识读施工图的基础,学好本章对以后学习建筑施工图非常重要。在建筑工程施工图中,为了能具体、全面、准确、简单地表达建筑形体的形状和大小,在工程制图中,常采用多种表达形式。

剖面图与断面图是工程制图中表达建筑形体内部形状的主要表达方式。剖面图主要用来表达建筑物或建筑构件内部形状的主要手段;断面图是建筑杆件形状的主要表达形式。剖面图有全剖面图、半剖面图、阶梯剖面图、局部剖面图、展开剖面图;断面图有移出断面图、中断断面图、重合断面图。剖面图或断面图都应在被剖切的断面上画出构件的材料图例。

在制图标准中规定,当出现对称图形、相同要素、较长杆件等时,可采用一些简化画法,如对称简化画法、相同要素简化画法、折断简化画法等,以提高制图效率,使图面清晰简明。

在识读施工图时,首先要分析施工图采用的方法,针对不同的表达方法,采取不同的识读方法。在阅读施工图中的剖面图和断面图时,应先分析剖切平面的位置、剖切方向,然后再阅读剖面图或断面图。

想一想

1. 剖面图是怎样形成的？为什么要作形体的剖面图？
2. 剖面图的种类有哪些？分别适用于哪些形体？怎样进行标注？
3. 断面图是怎样形成的？在什么情况下作形体的断面图？
4. 断面图的种类有哪些？分别适用于哪些形体？怎样进行标注？
5. 剖面图与断面图有哪些区别与联系？
6. 工程图纸中常用哪些简化画法？

第 8 章 建筑工程图的一般知识

思维导图

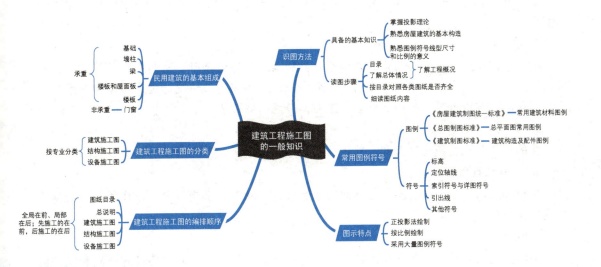

引言

一般民用建筑的组成分为基础、柱、梁、内外墙、楼板、屋面板和屋面,以及门、窗、楼梯、走道、台阶、花池、散水、勒脚、屋檐、雨篷等细部构造。

请思考: 如果把一个建筑比作人类的躯体,那么建筑各部分相当于人体什么部位呢?

8.1 一般民用建筑的组成及作用

建筑物按其使用功能和使用对象的不同分为很多种,但一般可分为民用和工业建筑两大类。一般民用建筑的组成分为主要部分和附属部分。主要部分包括基础、柱、梁、内外墙、楼板、屋面板和屋面;附属部分包括门、窗、楼梯、走道、台阶、花池、散水、勒脚、屋檐、雨篷等细部构造,如图 8.1 所示。

1. 基础

基础位于墙或柱的下部,作用是承受上部荷载(重力),并将荷载传递给地基(地球)。

2. 柱、墙

柱、墙的作用是承受梁或板传来荷载,并将荷载传递给基础,它是房屋的竖向传力构件。墙还起到围成房屋空间和内部的水平分隔作用。墙按受力情况分为承重墙和非承重墙(也称隔墙),按位置分为内墙和外墙,按方向分为纵墙和横墙。

3. 梁

梁的作用是承受板传来荷载,并将荷载传递给柱或墙,它是房屋的水平传力构件。

4. 楼板和屋面板

楼板和屋面板是划分房屋内部空间的水平构件,同时又承受板上荷载作用,并把荷载传递给梁。

5. 门、窗

门的主要功能是交通和联系,窗的主要功能是通风和采光,同时还具有分隔和围护的作用。

6. 楼梯

楼梯是各楼层之间的垂直交通设施,为上下楼层用。

7. 其他建筑配件

其他建筑配件包括走道、台阶、花池、散水、勒脚、屋檐、雨篷等。

第8章 建筑工程图的一般知识

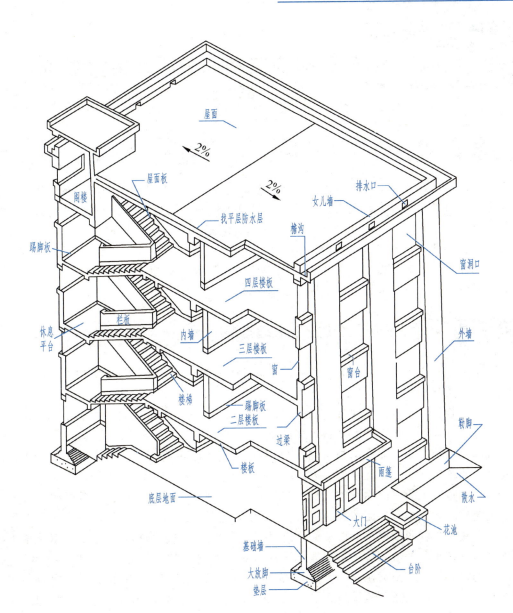

图 8.1　民用建筑的组成

特别提示

回答引言中的思考：如果把一个建筑比作人类的躯体，那么基础相当于人体的双脚，柱、墙、梁类似于人类躯体的骨架，楼板、屋面板和屋面相当于皮肤和分隔各腔室的膜，而附属部分的门、窗、楼梯、走道、台阶、花池、散水、勒脚、屋檐、雨篷相当于人体的各个器官，它们共同组成一个建筑，从而实现着建筑的功能。

8.2　建筑工程施工图的分类和编排顺序

8.2.1　建筑工程施工图的概念及作用

建造房屋要经过两个基本过程：设计和施工。设计时需要把想象中的建筑物用图形表示出来，这种图形统称为建筑工程施工图。建筑工程施工图是用来反映房屋的功能组合、房屋内外貌和设计意图的图纸，为建筑工程施工服务的图纸称为房屋施工图，简称施工图。一套施工图，是由建筑、结构、水、暖、电等专业及预算共同配合，经过正常的设计程序编制而成，是进行施工的依据；正确识读施工图是正确反映和实施设计意图的第一步，也是进行施工及工程管理的前提和必要条件。

8.2.2　建筑工程施工图的分类和编排顺序

建筑工程施工图由于专业分工不同，根据其内容和作用分为建筑施工图、结构施工图和设备施工图。

（1）建筑施工图（简称建施）。它一般包括图纸目录和建筑说明、总平面图、建筑平面图、建筑立面图、建筑剖面图和建筑详图。

（2）结构施工图（简称结施）。它一般包括结构图纸说明、基础图、结构平面布置图和各构件的结构详图，以及结构构造详图。

（3）设备施工图（简称设施）。它一般包括给水排水、采暖通风、电器照明设备的布置和安装要求，其中有平面布置图、系统图和详图。

一套建筑工程图纸按图纸目录、总说明、总平面、建筑、结构、水、暖、电等施工图顺序编排。各工种图纸的编排，一般是全局性图纸在前，局部图纸在后；先施工的在前，后施工的在后；重要图纸在前，次要图纸在后。为了图纸的保存和查阅，必须对每张图纸进行编号。房屋施工图按照建筑施工图、结构施工图、设备施工图分别分类进行编号。如在建筑施工图中分别编出"建施1""建施2"等。

8.3　建筑工程施工图的图示特点及识读方法

8.3.1　建筑工程施工图的图示特点

（1）施工图中的各图纸是采用正投影法绘制的。某些工程构造，当用正投影法绘制，不易表达时，可用镜像投影法绘制，但要在图名后注写"镜像"二字。

（2）施工图应按比例进行绘制。由于建筑物的体形较大，房屋施工图一般采用缩小的比例绘制。但是房屋内部各部分构造情况，在小比例的平、立、剖面图中有的可能表示得不清楚，因此对局部节点就要用较大比例将其内部构造详细绘制出来。因此绘图所用比例，应根据图纸的用途与被绘对象的复杂程度，从表 8-1 中选用，并优先选用表中的常用比例。

表 8-1　绘图所用比例

常用比例	1∶1、1∶2、1∶5、1∶10、1∶20、1∶30、1∶50、1∶100、1∶150、1∶200、1∶500、1∶1000、1∶2000
可用比例	1∶3、1∶4、1∶6、1∶15、1∶25、1∶40、1∶60、1∶80、1∶250、1∶300、1∶400、1∶600、1∶5000、1∶10000、1∶20000、1∶50000、1∶100000、1∶200000

一般情况下，一个图样应选用一种比例。但根据专业制图的需要，同一个图样也可选用两种比例。

（3）由于建筑物的构配件、建筑材料等种类较多，为作图简便起见，国家标准规定了一系列的图例符号来代表建筑构配件、卫生设备、建筑材料等，所以施工图上会出现大量的图例和符号，必须熟记才能正确阅读和绘制建筑工程施工图。

8.3.2　整套图纸的识读方法

1. 读图应具备的基本知识

施工图是根据投影原理绘制的，用图纸表明房屋建筑的设计及构造做法。因此，要看懂施工图的内容，必须具备一定的基本知识。

（1）掌握投影图的原理和建筑形体的各种表示方法。

（2）熟悉房屋建筑的基本构造。

（3）熟悉施工图中常用的图例、符号、线型、尺寸和比例的意义。

2. 读图的方法和步骤

看图的方法一般是：从外向里看，从大到小看，从粗到细看，图纸与说明对照看，建筑与结构对照看。先粗看一遍，了解工程的概貌，而后再细看。

读图的一般步骤：先看目录，了解总体情况，图纸总共有多少张，然后按图纸目录对照各类图纸是否齐全，再细读图纸内容。

8.4　建筑工程施工图中常用的符号

8.4.1　标高

建筑工程中，各细部装饰部位的上下表面标注高度的方法称为标高，如室内楼面、顶棚、窗台、门窗上沿、窗帘盒的下皮、台阶上表面、墙裙上皮、门廊下皮、檐口下皮、女儿墙顶面等部位的高度注法。

1. 标高符号

（1）标高符号应以等腰直角三角形表示，用细实线绘制，如图 8.2 所示。

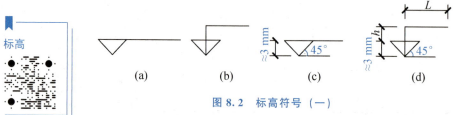

图 8.2　标高符号（一）

L—取适当长度注写标高数字；*h*—根据需要取适当高度

（2）总平面图中室外地坪标高符号，宜用涂黑的三角形表示，总平面的道路标高，应用黑色圆点表示，如图 8.3 所示。

（3）标高符号的尖端应指至被注高度的位置。尖端一般应向下，也可向上。标高数字应注写在标高符号的上侧或下侧，如图 8.4 所示。

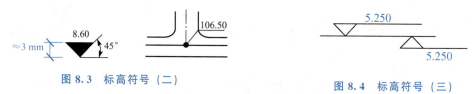

图 8.3　标高符号（二）　　　　图 8.4　标高符号（三）

（4）在图纸的同一位置需表示几个不同标高时，标高数字可按图 8.5 的形式注写。

图 8.5　同一位置注写多个标高数

（5）零点标高应注写成 ±0.000，正数标高不注"＋"，负数标高应注"－"，例如 3.000、－0.600。

2. 标高单位

标高单位均以米（m）计，注写到小数点后第三位。在总平面图中，可注写到小数点后第二位。

3. 标高的分类

建筑图上的标高，多数是以建筑首层地面作为零点，称为相对标高。高于建筑首层地面的高度均为正数，低于首层地面的高度均为负数，并在数字前面注写"－"，正数前面不加"＋"。相对标高又可分为建筑标高和结构标高，装饰完工后的表面高度，称为建筑标高；结构梁、板上下表面的高度，称为结构标高。装饰工程虽然都是表面工程，但是它也占据一定的厚度，分清装饰表面与结构表面位置是非常必要的，以防把数据读错。

8.4.2　定位轴线

房屋的主要承重构件（墙、柱、梁等），均用定位轴线确定基准位置。定位轴线应用 0.25*b* 线宽的单点长画线绘制，并进行编号，以备设计或施工放线使用。

1. 定位轴线的编号顺序

制图标准规定，平面图定位轴线的编号，宜标注在下方与左方或在图样的四面标注。横向编号应用阿拉伯数字从左至右顺序编写，竖向编号应用大写英文字母从下至上编写。编号应注写在轴线端部的圆内，圆应用 0.25 线宽的细实线绘制，直径宜为 8～10 mm，定位轴线圈的圆心应在定位轴线的延长线上或延长线的折线上，如图 8.6 所示。

英文字母的 I、O、Z 不得用作轴线编号。如字母数量不够使用，可增加双字母或单字母加数字注脚，如 AA，BA…YA，或 A1，B1…Y1。

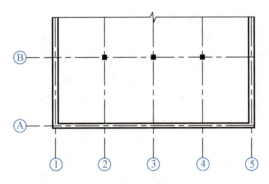

图 8.6　平面图定位轴线的编号顺序

2. 附加定位轴线的编号

附加定位轴线的编号是在两条轴线之间，遇到较小局部变化时的一种特殊表示方法。附加定位轴线的编号，应以分数形式表示，并按下列规定编写。

（1）两根轴线间的附加轴线，应以分母表示前一轴线的编号，分子表示附加轴线的编号，编号宜用阿拉伯数字顺序书写。例如：$\frac{1}{2}$ 表示横向 2 轴线后的第一条附加定位轴线，$\frac{3}{C}$ 表示纵向 C 轴线后的第三条附加定位轴线。

（2）若在 1 号轴线或 A 号轴线之前附加轴线时，分母应以 01 或 0A 表示。例如：$\frac{1}{01}$ 表示横向 1 轴线前的第一条附加定位轴线，$\frac{3}{0A}$ 表示纵向 A 轴线前的第三条附加定位轴线。

3. 一个详图适用于几根定位轴线的表示方法

一个详图适用于几根定位轴线时，应同时注明各有关轴线的编号，如图 8.7 所示。

4. 通用详图中的定位轴线表示方法

应只画圆，不注写轴线编号。

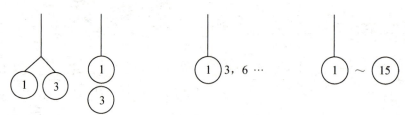

(a) 适用 2 条轴线　　(b) 适用 3 条或 3 条以上轴线　　(c) 适用 3 条以上连续编号的轴线

图 8.7　详图的轴线编号

8.4.3　索引符号与详图符号

索引符号与详图符号

1. 索引符号

对于图纸中需要另画详图表示的局部或构件，为了读图方便，应在图中的相应位置以索引符号标出。

索引符号是由直径为 8～10 mm 的圆和水平直径组成，圆及水平直径线宽宜为 $0.25b$。当索引的详图与被索引的图在同一张图纸内时，在上半圆中用阿拉伯数字注出该详图的编号，在下半圆中间画一段水平细实线，如图 8.8（a）所示；当索引的详图与被索引的图不在同一张图纸内时，在下半圆中用阿拉伯数字注出该详图所在图纸的编号，如图 8.8（b）所示；当索引的详图采用标准图集时，在圆的水平直径的延长线上加注该标准图集的编号，如图 8.8（c）所示。

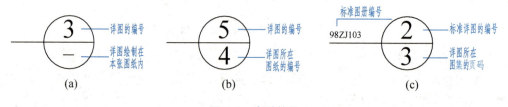

图 8.8　索引符号

索引的详图是局部剖视详图时，索引符号在引出线的一侧加画一剖切位置线，引出线在剖切位置的哪一侧，表示该剖面向哪个方向作的剖视，如图 8.9 所示。

图 8.9　用于索引剖面详图的索引符号

零件、钢筋、杆件、设备等的编号直径宜以 4～6mm 的圆表示，圆线宽为 $0.25b$，同一图样应保持一致，其编号应用阿拉伯数字按顺序编写，如图 8.10 所示。

图 8.10 零件、钢筋等的编号

2. 详图符号

详图符号应根据详图位置或剖面详图位置来命名，采用同一个名称进行表示。详图符号的圆直径应为 14 mm，线宽为 b。

图 8.11（a）是详图与被索引的图样在同一张图纸内；图 8.11（b）是详图与被索引的图纸不在同一张图纸内。

图 8.11 详图符号

特别提示

索引符号和详图符号应严格按制图标准规定标注，有索引符号必须有详图符号，二者缺一不可。

8.4.4 引出线

（1）引出线线宽应为 $0.25b$，宜采用水平方向的直线或与水平方向成 30°、45°、60°、90°的直线，或经上述角度再折为水平线。文字说明宜写在水平线的上方，也可注写在水平线的端部，如图 8.12 所示。

图 8.12 引出线

（2）同时引出几个相同部分的引出线，宜互相平行，也可画成集中于一点的放射线，如图 8.13 所示。

（3）多层构造或多层管道共用引出线，应通过被引出的各层，并以圆点示意对应各层次。文字说明注写在水平线的上方，或注写在水平线的端部，说明的顺序应由上至下，并应与被说明的层次相互一致，如图 8.14（a）所示。如层次为横向排序，则由上至下的说明应与由左至右的层次相互一致，如图 8.14（b）所示。

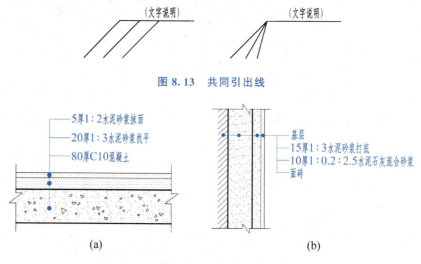

图 8.13 共同引出线

图 8.14 多层共用引出线

8.4.5 其他符号

1. 指北针和风玫瑰

在总平面图、首层建筑平面图旁边画出指北针，用来表示朝向。图 8.15（a）所示为指北针。

指北针用 24 mm 直径画圆，内部过圆心并对称画一瘦长形箭头，箭头尾宽取直径 1/8，即 3 mm，指针头部应注"北"或"N"字。圆用细实线绘制，箭头涂黑。

风玫瑰是简称，全名是风向频率玫瑰图，如图 8.15（b）所示。表明各风向的频率，频率越高，表示该风向的吹风次数越多。它根据某地区多年平均统计的各个方向（一般为 16 个或 32 个方位）吹风次数的百分率值按一定比例绘制，图中长短不同的实线表示该地区常年的风向频率，连接 16 个端点，形成封闭折线图形。风玫瑰上所表示的风向是吹向中心的。中心圈内的数值为全年的静风频率，风玫瑰中每圆圈的间隔频率为 5%。

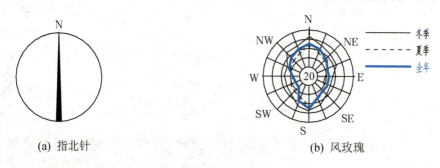

图 8.15 指北针和风玫瑰

2. 连接符号

应以折断线表示需连接的部位。两部位相距过远时，折断线两端靠图样一侧应标注大写英文字母表示连接编号。两个被连接的图样应用相同的字母编号，如图 8.16 所示。

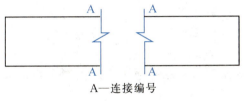

A—连接编号

图 8.16 连接符号

3. 对称符号

若构配件的图形为对称图形,绘图时可画对称图形的一半,并画出对称符号。对称符号由对称线和两对平行线组成。对称线用细单点长画线绘制,如图 8.17 所示。符号中平行线用实线绘制,线宽宜为 $0.5b$,其长度宜为 6~10 mm,每对的间距宜为 2~3 mm,对称线垂直平分于两对平行线,两端超出平行线宜为 2~3 mm。

图 8.17 对称符号

4. 变更云线

对图纸中局部变更部分宜采用云线,并宜注明修改版次。修改版次符号宜为边长 0.8 cm 的等边正三角形,修改版次应采用数字表示,如图 8.18 所示。变更云线的线宽宜按 $0.7b$ 绘制。

图 8.18 变更云线
注:1 为修改次数

8.4.6 常用图例

常用建筑材料图例见表 7-1，总平面图常用图例见表 9-5，建筑构造及配件图例见表 9-7。

图例主要用于简化建筑工程施工图，它除了包括建筑材料图例、总平面图图例、建筑构造及配件图例外，还有结构图例、卫生设备图例等，可以查阅相关的制图标准图集。为熟练识图必须熟记常用图例。

常用建筑名词和术语。
（1）开间：一间房屋的面宽，即两条横向轴线间的距离。
（2）进深：一间房屋的深度，即两条纵向轴线间的距离。
（3）层高：楼房本层地面到相应的上一层地面的竖向尺寸。
（4）建筑物：范围广泛，一般多指房屋。
（5）构筑物：一般指附属的建筑设施，如烟囱、水塔、筒仓等。
（6）埋置深度：指室外设计地面到基础底面的距离。
（7）地物：地面上的建筑物、构筑物、河流、森林、道路、桥梁等。
（8）地貌：地面上自然起伏的情况。
（9）地形：地球表面上地物和地貌的总称。
（10）地坪：多指室外自然地面。
（11）竖向设计：根据地形地貌和建设要求，拟定各建设项目的标高、定位及相互关系的设计，如建筑物、构筑物、道路、地坪、地下管线、渠道等标高和定位。
（12）中心线：对称形的物体一般都要画中心线，它与轴线都用细单点长画线表示。
（13）居住面积系数：指居住面积占建筑面积的百分数，比值永远小于1。
（14）使用面积系数：指房间净面积占建筑面积的百分数，比值永远小于1。
（15）红线：规划部门批给建设单位的占地面积，一般用红笔圈在图纸上，具有法律效力。

建筑红线

本章回顾

本章阐述的内容是正确理解和绘制建筑工程图的必要基础知识。

（1）房屋一般由基础，柱、墙，梁，楼板和屋面板，楼梯，门、窗，其他建筑配件七大部分组成。

（2）建筑工程施工图一般包括图纸目录和设计总说明、建筑施工图、结构施工图、设备施工图等内容。

（3）一套建筑工程施工图按图纸目录、总说明、总平面、建筑、结构、水、暖、电等施工图顺序编排。各工种图纸的编排，一般是全局性图纸在前，局部图纸在后；先施工的在前，后施工的在后；重要图纸在前，次要图纸在后。为了图纸的保存和查阅，必须对每张图纸进行编号。

（4）房屋中的承重墙或柱都有定位轴线，不同位置的墙有不同的编号，定位轴线是施工时定位放线和查阅图纸的依据。

（5）标高是尺寸注写的一种形式。读图时要弄清是绝对标高还是相对标高，它的零点基准设在何处。

（6）索引符号和详图符号，要熟悉它的编号规定，弄清圆圈中上下数字所代表的内容，以便读图时能很快将图纸联系起来。

想一想

1. 一般民用建筑是由几大部分组成？它们的作用分别是什么？
2. 建筑工程的整套图中，建筑施工图的图纸有哪些？结构施工图的图纸有哪些？
3. 建筑工程施工图常用哪几种比例？搜集几份施工图做一番观察。比例的大小是什么含义？1：100 和 1：200 哪个比例大？
4. 建筑工程施工图编排的顺序怎样？各专业图纸编排的原则是什么？
5. 什么是定位轴线、附加定位轴线？平面定位轴线如何标注？
6. 索引符号和详图符号的意义是什么？

第 9 章　建筑施工图

思维导图

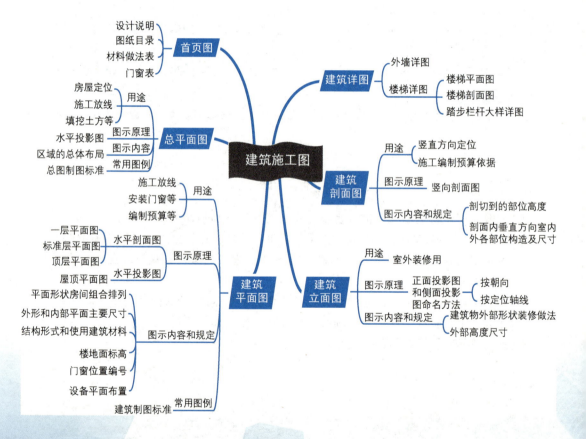

第9章 建筑施工图

> 🏠 **引言**

一套建筑工程施工图可能有几十张甚至上百张,为快速了解新建房屋的设计概况,应查阅哪张图纸?在施工前,要进行施工总平面图设计,了解新建建筑物的周围环境、地形状况等内容,依据哪张图纸?新建房屋依据什么图纸定位?如何进行定位?规划部门确定某一区域的红线在建筑施工图的哪张图纸上可以查阅?

建筑施工图是根据正投影原理和相关的专业知识绘制的工程图纸,其主要任务在于表示房屋的内外形状、平面布置、楼层层高及建筑构造、装饰做法等,简称"建施"。它是其他各类施工图的基础和先导,是指导土建工程施工的主要依据之一。总之,建筑施工图主要用来作为施工放线,砌筑基础及墙身,铺设楼板、楼梯、屋顶,安装门窗、室内装饰及编制预算和施工组织计划等的依据。本章主要介绍建筑施工图的识读方法。

9.1 首页图和总平面图

9.1.1 首页图

首页图由施工图总封面、图纸目录和施工图设计说明组成,通常施工图总封面、图纸目录各自单列。

1. 施工图总封面

施工图总封面如图 9.1 所示,应标明以下内容。

工程项目名称

编制单位名称

设 计 资 质 证 号:(加盖公章)
设 计 编 号:××××××××××
设 计 阶 段:(施工图)

法定代表人:打印名　　技术总负责人:打印名　　项目总负责人:打印名
　　签名或盖章　　　　　　签名或盖章　　　　　　签名并盖注册章

年　　月

图 9.1 施工图总封面

(1) 工程项目名称。

(2) 编制单位名称。

(3) 设计资质证号。

(4) 设计编号。

(5) 设计阶段。

(6) 编制单位法定代表人、技术总负责人和项目总负责人的姓名及其签名或授权盖章。

(7) 编制年月（即出图年、月）。

2. 图纸目录

目录是用来便于查阅图纸的，应排在施工图纸的最前面。目录分为项目总目录（表 9-1）和各专业图纸目录（表 9-2）。

表 9-1 项目总目录

编制单位名称：

工程名称：							设计编号：					设计阶段：		
建筑面积：							建筑类型：							

图 纸 目 录														
建筑			结构			给水排水			暖通与空调			电气					
											强电			弱电		
序号	图号	图纸名称	序号	图号	图纸名称	序号	图号	图纸名称	序号	图号	图纸名称	序号	图号	图纸名称	序号	图号	图纸名称
1			1			1			1			1			1		
2			2			2			2			2			2		
3			3			3			3			3			3		
4			4			4			4			4			4		
5			5			5			5			5			5		
6			6			6			6			6			6		
7			7			7			7			7			7		
⋮			⋮			⋮			⋮			⋮			⋮		

第9章 建筑施工图

表 9-2　建筑专业图纸目录

图样目录				
序号	图号	图纸名称	图幅	备注
1	建施—01	建筑施工图设计总说明	A2	
2	建施—02	底层平面图	A2	
3	建施—03	标准层平面图	A2	
4	建施—04	屋面图	A2	
5	建施—05	立面图	A2	
6	建施—06	剖面图	A2	
7	建施—07	建筑详图	A2	
⋮	⋮	⋮	⋮	
	01J304	楼地面建筑构造		

建筑专业图纸目录编排顺序：建筑施工图设计说明、总平面布置图、平面图、立面图、剖面图、各种详图（一般包括墙身节点、坡道、楼梯间、卫生间、设备间、门窗立面等）、标准图集。

3. 施工图设计说明

设计说明主要介绍设计依据、项目概况、设计标高、装修做法及施工图未用图形表达的内容等。

（1）设计依据。施工图设计的依据性文件、批文和相关规范。

（2）项目概况。内容一般应包括建筑名称、建设地点、建设单位、建筑面积、建筑基底面积、建筑工程等级、设计使用年限、建筑层数和建筑高度、防火设计建筑分类和耐火等级、人防工程防护等级、屋面防水等级、地下室防水等级、抗震设防烈度等，以及能反映建筑规模的主要技术经济指标，如住宅的套型和套数、旅馆的房间数和床位数、医院的门诊人次和住院部的床位数、车库的停车泊位数等。

（3）设计标高。在房屋建筑中，规范规定用标高表示建筑物的高度。标高分为相对标高和绝对标高两种，以建筑物底层室内主要地面为零点的标高称为相对标高；以青岛黄海平均海平面的高度为零点的标高称为绝对标高。建筑设计说明中要说明相对标高与绝对标高的关系，例如"相对标高±0.000 相当于绝对标高 190.570 m"，这就说明该建筑物底层室内地面设计在比海平面高 190.570 m 的水平面上。

（4）用料说明和室内外装修。墙体、墙身防潮层、地下室防水、屋面、外墙面、勒脚、散水、台阶、坡道、油漆、涂料等材料和做法，可用文字说明或部分文字说明，部分直接在图上引注或注索引号；室内装修部分除用文字说明以外也可用表格形式表达，在表中填写相应的做法或代号，如表 9-3 所示；对采用新技术、新材料的做法说明及对特殊建筑造型和必要的建筑构造的说明。

表9-3 装修构造做法表

部　　位	名　　称	用料做法	备　　注
屋面			
楼面			
地面			
内粉			
顶棚			
踢脚			
外粉			

（5）门窗表（表9-4）及门窗性能（防火、隔声、防护、抗风压、保温、空气渗透、雨水渗透等）、用料、颜色、玻璃、五金件等的设计要求。

表9-4 门窗表

类　　别	设计编号	标准编号	宽　度	高　度	数　　量	备　　注
窗						
门						

注：

（6）幕墙工程（包括玻璃、金属、石材等）及特殊的屋面工程（包括金属、玻璃、膜结构等）的性能及制作要求，平面图、预埋件安装图等，以及防火、安全、隔声构造。

（7）电梯（自动扶梯）选择及性能说明（功能、载重量、速度、停站数、提升高度等）。

（8）建筑节能设计构造做法。

（9）墙体及楼板预留孔洞需封堵时的封堵方式说明。

（10）其他需要说明的问题。

第9章 建筑施工图

9.1.2 总平面图

1. 总平面图的用途

（1）反映新建、拟建工程的总体布局及原有建筑物和构筑物的情况，如新建、拟建房屋的具体位置、标高、道路系统、构筑物及附属建筑的位置、管线、电缆走向，以及绿化、原始地形、地貌等情况。

（2）根据总平面图可以进行房屋定位、施工放线、填挖土方。

2. 总平面图的基本内容（图9.2）

（1）表明红线范围，新建的各种建筑物及构筑物的具体位置、标高、道路及各种管线布置系统等的总体布局。

（2）表明原有房屋道路位置，作为新建工程的定位依据，如利用道路的转折点或原有房屋的某个拐角点作为定位依据。

（3）表明标高，如建筑物的首层地面标高、室外场地地坪标高、道路中心线的标高。通常把总平面图上的标高全部推算成以海平面为零点的绝对标高（我国是以青岛的黄海平均海平面为水准原点起算点）。根据标高可以看出地势坡向、水流方向，并可计算出施工中土方挖填数量。

（4）表示总平面范围内整体朝向，通常用风玫瑰。它既能表示朝向，又能显示出该地区的常年风和季候风的大小。

若同一张总平面图内表示的内容过多，则可分画多张总平面图，如道路网，若一张总平面图还无法清楚表示全部内容，则还要画纵剖面图和横剖面图。引进的电缆线、供热管线、供煤气管线、自来水管线及向外连通的污水管线等，都应分别画总平面图，甚至还要画配合管线纵断面图；若地形起伏变化较大，除画总平面图外，还要画竖向设计图。

3. 总平面图的读图注意事项

（1）总平面图中的内容多数是用符号表示的，看图之前要先熟悉图例符号的意义，如表9-5所示。

（2）总平面图表现的工程性质，不但要看图，还要看文字说明。

（3）查看总平面图的比例，以了解工程规模。一般常用比例是1∶300、1∶500、1∶1000、1∶2000。

（4）看清用地范围内新建、原有、拟建、拆除建（构）筑物的位置。新、旧道路布局，周围环境和建设地段内的地形、地貌情况。

（5）查看新建建筑物的室内外地面高差和道路标高，地面坡度及排水走向。

（6）根据风玫瑰看清楚朝向。

（7）查看图中尺寸的表现形式（坐标网或一般表现形式），以便查看清楚建（构）筑物自身占地尺寸及相对距离。

（8）要细致阅读总平面图中的各种管线，看清管线上的窨井、检查井的编号和数目，要看清管径、中心距离、坡度、从何处引进到建（构）筑物，要看准具体位置。

（9）布置绿化时要看清楚哪里是草坪、树丛、乔木、灌木、松墙等，是何树种，花坛、小品、桌、凳、长椅、林荫小路、矮墙、栏杆等各种物体的具体尺寸、做法及建造要求和选材说明。

（10）还要查清以上全部内容的定位依据。由于总平面图内容多样、庞杂，需要仔细、认真阅读。

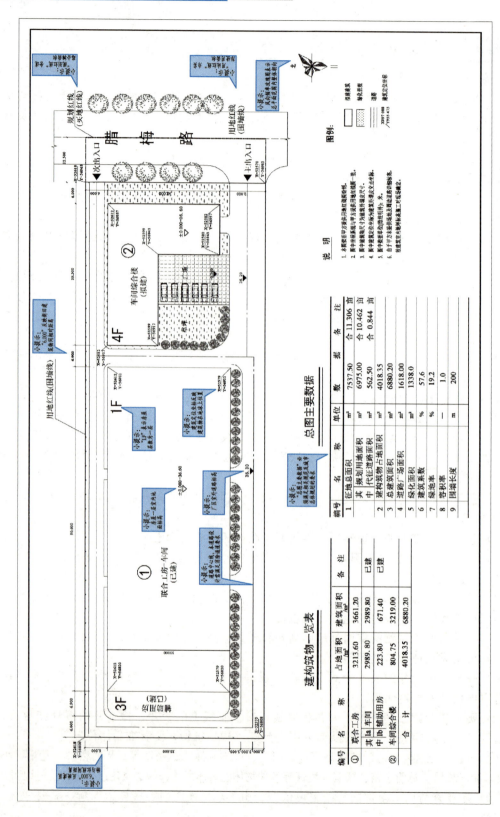

图9.2 总平面布置图

 **特别提示**

(1) 在首页图上全面表述了新建建筑物的设计概况及材料做法。

(2) 建筑总平面图中新建建筑物的定位一般采用两种方法,一是按原有建筑物或原有道路定位;二是按坐标定位。采用坐标定位又分为测量坐标定位和建筑坐标定位。所谓"红线"就是限制建筑物的界限线。规划部门批给建设单位的占地面积,一般用红笔圈在图纸上,产生法律效力。

表 9-5 总平面图常用图例

名 称	图 例	说 明	名 称	图 例	说 明
新建建筑物	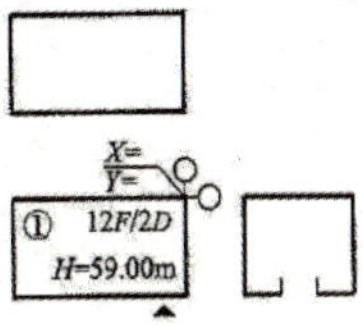	新建建筑物以粗实线表示与室外地坪相接处±0.00外墙定位轮廓线	分水脊线与谷线		表示脊线
					表示谷线
		地下建筑以粗虚线表示其轮廓	水塔、贮罐	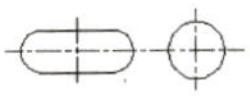	左图为卧式贮罐;右图为水塔或立式贮罐
	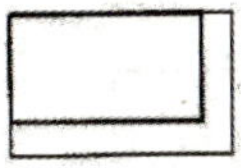	建筑上部(±0.00以上)外挑建筑用细实线表示	烟囱		实线为烟囱下部直径,虚线为基础,必要时可注写烟囱高度和上、下口直径
原有建筑物		用细实线表示	雨水口	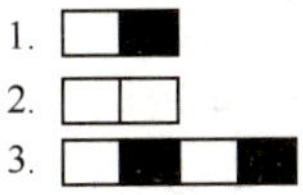 1. 2. 3.	1. 雨水口 2. 原有雨水口 3. 双落式雨水口
			消火栓井		
计划扩建的预留地或建筑物		用中粗虚线表示	室内地坪标高	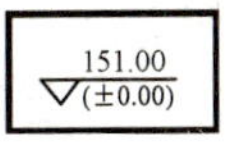 151.00 (±0.00)	数字平行于建筑物书写
			室外地坪标高	 ▼143.00	室外标高也可采用等高线

续表

名 称	图 例	说 明	名 称	图 例	说 明
拆除的建筑物		用细实线表示	新建的道路	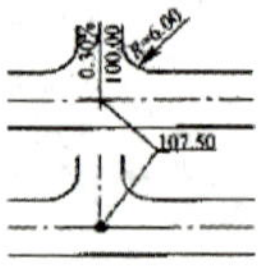	"$R=6.00$"表示道路转弯半径；"107.50"为道路中心线交叉点设计标高；"100.00"为变坡点之间的距离；"0.30%"表示道路坡度；箭头表示坡向
建筑物下面的通道	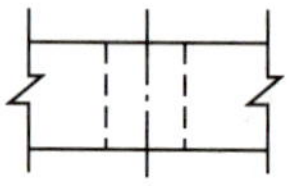	—	原有的道路		—
散状材料露天堆场	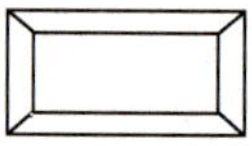	需要时可注明材料名称	计划扩建的道路		—
其他材料露天堆场或露天作业场		需要时可注明材料名称	铺砌场地	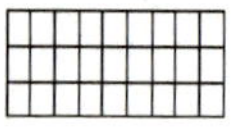	
围墙及大门		—	敞棚或敞廊	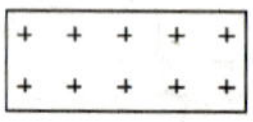	
挡土墙		挡土墙根据不同设计阶段的需要标出墙顶标高墙底标高	高架式料仓	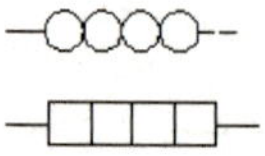	
台阶及无障碍坡道	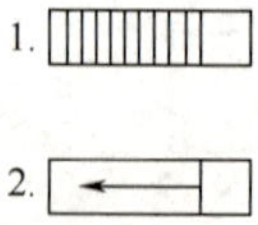	1. 表示台阶（级数仅为示意） 2. 表示无障碍坡道	地面露天停车场	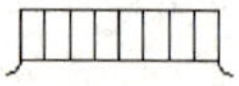	
地下车库入口	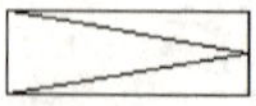	机动车停车场	露天机械停车场	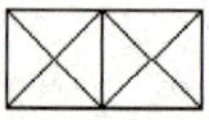	—

续表

名称	图例	说　明	名称	图例	说　明
坐标	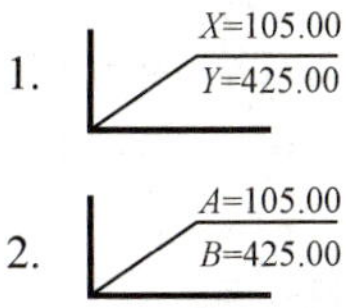 1. X=105.00 Y=425.00 2. A=105.00 B=425.00	1. 表示地形测量坐标系：X 为南北方向，Y 为东西方向。 2. 表示自设坐标系：坐标数字平行于建筑标注；A 为南北方向，B 为东西方向	冷却塔（池）	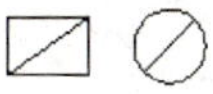	应注明冷却塔或冷却池
			水池、坑槽		也可以不涂黑
方格网交叉点标高	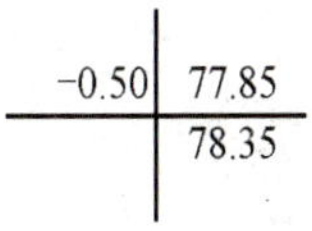 −0.50　77.85 　　　　78.35	"78.35"为原地面标高；"77.85"为设计标高；"−0.50"为施工高度；"−"表示挖方；"+"表示填方	台阶及无障碍坡道	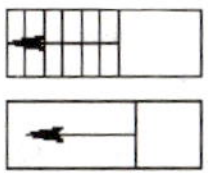	上图表示台阶（级数仅为示意）；下图表示无障碍坡道
			填挖边坡		—
			洪水淹没线		洪水最高水位以文字标注

表 9-6　园林景观绿化常用图例

名称	图例	备注	名称	图例	备注
常绿针叶乔木	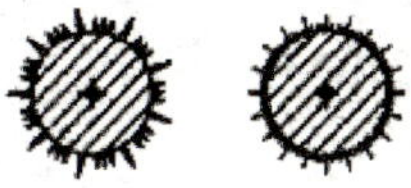	—	整形绿篱		—
落叶针叶乔木	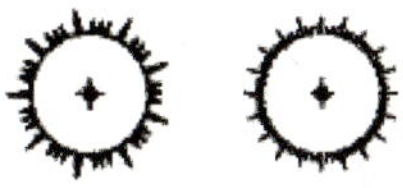	—	花卉		—
常绿阔叶乔木	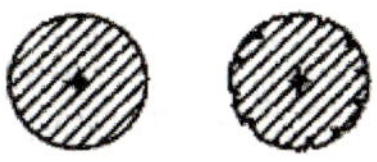	—	植草砖	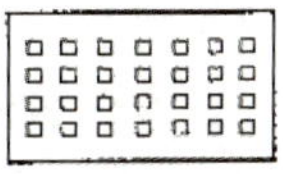	—
土石假山	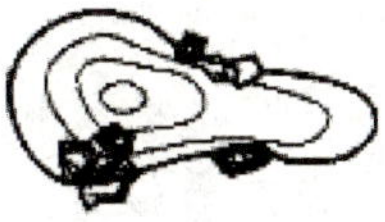	包括"土包石""石抱土"及假山	独立景石	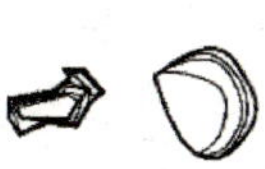	—

续表

名称	图例	备注	名称	图例	备注
自然水体	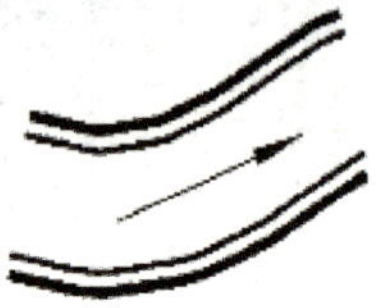	表示河流,以箭头表示水流方向	人工水体		—
喷泉			针阔混交林	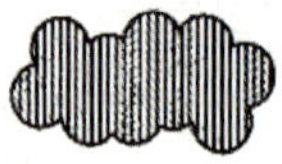	—

特别提示

(1) 表 9-5、表 9-6 是《总图制图标准》(GB/T 50103—2010) 中的部分图例。

(2) 总图中的坐标、标高、距离以米为单位。坐标以小数点标注三位,不足的以"0"补齐;标高、距离以<u>小数点后两位数标注</u>,不足的以"0"补齐。详图可以以毫米 (mm) 为单位。

(3) 建筑物应以接近地面的±0.00 标高的平面作为总平面。总平面中标注的标高应为<u>绝对标高</u>,当标注相对标高时,则应注明<u>相对标高与绝对标高</u>的换算关系。

9.2 建筑平面图

计算新建建筑物的建筑面积、房间的开间和进深尺寸等内容,以及查看房间的平面布置状况,需要查阅哪些图纸?

9.2.1 建筑平面图的用途和形成

1. 建筑平面图的用途

建筑平面图可作为施工放线、安装门窗、预留孔洞、预埋构件、室内装修、编制预算、施工备料等的重要依据。

2. 建筑平面图的形成

建筑平面图的形成,是用一个<u>假想平面在窗台略高一点位置</u>作水平剖切,将上面部分拿走,作剩余部分的全部正投影而形成的,如图 9.3 所示。首层平面要表示的内容有墙厚、门的开启方向、窗的具体位置,室内外台阶、花池、散水及落水管位置等。阳台、雨篷等则应表示在二层及以上的平面图上。

第9章 建筑施工图

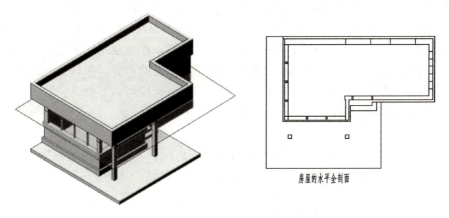

图 9.3　建筑平面图的形成

9.2.2　建筑平面图的内容和规定

建筑平面图有如下内容和规定。

（1）表明建筑物的平面形状、内部各房间组合排列情况及建筑物朝向。平面图内应注明房间名称和房间净面积，朝向只在首层平面图旁边适当位置画指北针即可。

（2）表明外形和内部平面主要尺寸。平面图中的轴线是长宽方向的定位依据，它可确定平面图中所有部位的长宽尺寸。图形外面标注有建筑物的总长度和总宽度，称为外包尺寸；中间是轴线尺寸，表示开间和进深；轴线中间的称为细部尺寸，表示门窗洞口、墙的面宽及墙垛等细部尺寸，以上是主要的 3 道尺寸标注。局部尺寸标注还有首层平面外围部位的室外台阶、花池、散水、门廊等。平面图中还要标注内墙墙厚、门窗洞口尺寸，如剖切线上面有高窗和配电箱凹进墙内部分，还要用虚线表示并标注洞口尺寸及下皮标高。

（3）表明结构形式和所使用的建筑材料。平面图中可以看出是砖混结构砖墙承重，框架结构梁、板、柱承重还是壁板承重。

（4）平面图中可以看到标高：首层地面一般标有±0.000，二层以上均用正数标高，首层以下均用负数标高。屋顶平面和有排水要求的房间要注明坡度，表示流水方向，室外地坪有时核算成绝对标高。

（5）表明门窗编号、门的开启方向。内墙中若有虚线表示的高窗时，还应注明窗下皮到地面的距离。

（6）表示剖面图位置，详图或标准小型构件、配件位置。如 1—1、2—2 这样的剖切位置。 $\frac{1}{2}$ 表示指引线指引的部位有详图，可以在建筑图编号为 2 的图纸上找到编号为 1 的详图，小型标准构配件，如实验室中的卫生洗涤池、拖布池等，也可以详图索引形式表示。

（7）表示水、暖、通风、煤气、电气等对土建的要求。这些配套工种需要设置水池、地沟、泵座、配电箱、消火栓、检查井、预埋件、墙或楼板上开洞，平面图中要表示其位置和尺寸。

（8）平面图中可以表示的内装修做法，如地面、顶棚、墙面的材料做法。简单小工程可用文字说明；复杂工程要另画详图，并配合作"房间用料做法表"和"各部位材料做法表"。

（9）文字说明。凡在平面图中无法用图表示的内容，都要注写文字说明，如施工质量要求，砖和砂浆标号；需要在其他专业图中表示详尽情况的内容，如构造柱、卫生间内的情况。选用的标准图集，平面图内只有一个简单的示意也应写文字说明。

图 9.4 是一张建筑底层平面图，基本内容如下。

① 指北针。

② 纵、横轴线并带有轴线编号。纵向为沿建筑物较长方向，横向为较短方向。

③ 从房间布局看，该建筑为办公楼，有办公室、厕所、门卫等房间。

④ 门、窗的具体位置和门的开启方向。

⑤ 台阶和散水，楼梯的位置和上下楼的方向。

⑥ 尺寸标注。外边的 3 道基本尺寸分别为总尺寸（外包尺寸）、轴线尺寸、细部尺寸。

⑦ 剖切位置线。剖切位置线端部垂直方向的短画线表示投影方向，在短画线近旁注有编号。

9.2.3　建筑平面图的读图注意事项及识读示例

建筑平面图的读图注意事项如下。

（1）一般建筑平面图是个总称，若为多层或高层建筑，若干层平面图都是一样的，就可以用一张图来代表，称为标准层平面图。每一层的标高，要在标准层上依次注写清楚。地下室和屋顶也都要画平面图。平面图原则上是从下往上依次表示，若有地下室则应从地下室平面图算起，逐层往上到屋顶平面图，而且每层平面图都要在比例允许的情况下尽可能表示出最多的内容，表示不清楚的部分用详图索引标志。

（2）阅读平面图的方法、步骤（以图 9.4 所示的底层平面图为例）如下：①从轴线开始，看房间的开间和进深尺寸；②看墙的厚度的尺寸或柱子的位置，还要看清楚轴线是处于墙体的中央位置还是偏心位置；③看门、窗的位置和尺寸，在平面图中可以表明门、窗是在墙中还是靠墙的内皮或外皮设置的，并可以表明门的开启方向；④沿轴线两边如果遇有墙而凹进或凸出、墙垛或壁柱等，均应尽可能记住，轴线就是控制线，它对整个建筑起控制作用。

（3）平面图四周与内部注有相当多且详尽的尺寸数字，它基本上只能反映占地长与宽两个方向的尺寸，这些尺寸是否与建筑物在整体和细部都对得上，必须认真、仔细地查看清楚。平面图反映不了高度情况，可以用标高说明某个平面在什么高度，如各层楼地面的标高等。

（4）建筑平面图上过梁、门、窗都是用代号表示的对照门窗表，它们的数量、型号有没有错误，统计是否正确，应与标准门窗图集和构、配件标准图集仔细核对。它们的安放位置与建筑内外装修有关，详细做法还要阅读建筑详图才能知道。

（5）前面提过，多层建筑平面图不止一个，它们上、下轴线关系应是一个，尤其砖混结构，下面的墙厚，上面的墙薄，轴线可能由偏心变成了中心或由中心变成了偏心。对于

第9章 建筑施工图

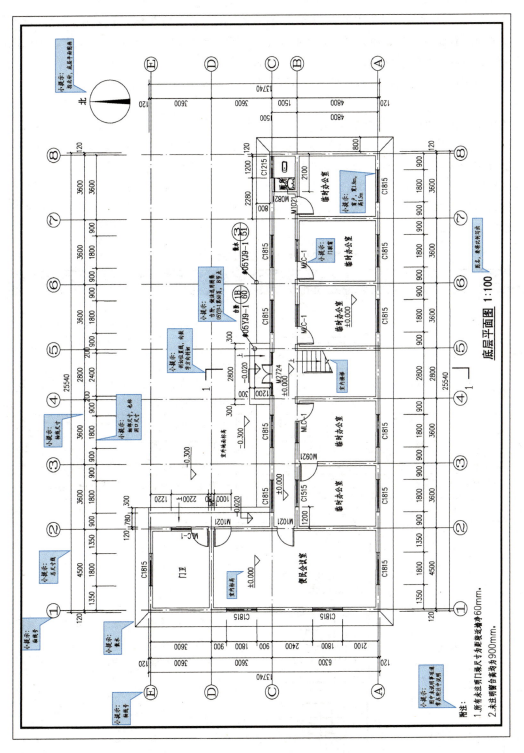

图9.4 底层平面图

这个问题,不但在建筑平面图内要核对准确,而且应与结构平面图核对一致。从施工角度看,应先看结构平面图,后看建筑平面图,再看建筑立面图、剖面图和建筑详图。

(6) 从施工角度讲,一张平面图也要反复阅读多次,才能解决施工过程中的阶段性问题,如平面图有窗台、门、窗、过梁,都必须是施工到哪个标高,才能做哪项工程。平面图中的台阶、坡道、花池、雨篷、阳台、散水等标高均不相同。

(7) 图例符号中常用的材料符号与构(配)件的表达形式都必须按标准图例,如表 9-7 表示。

(8) 平面图中的剖切位置与详图索引标志,也是不可忽视的主要问题,它涉及朝向与所要表达的详尽内容。由于剖切符号本身就比较灵活,有全剖、半剖、阶梯剖、旋转剖、局部剖等多种表现形式,阅读者也要按不同情况对照阅读相应部位图纸。

(9) 图纸上的标题栏内容与文字说明中的每个注意事项都不容忽视,它能说明工程性质,能表示图与实物的比例关系,能找到相应的图纸编号,能反映设计单位中每个专业的设计负责人等内容。

表 9-7 建筑制图标准(GB/T 50104—2010)

序号	名称	图例	说明
1	墙体	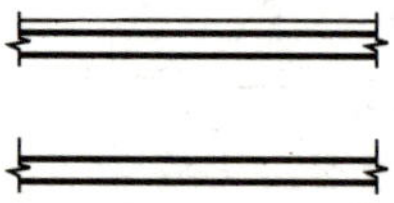	(1) 上图为外墙,下图为内墙。 (2) 外墙细线表示有保温层或有幕墙。 (3) 应加注文字或涂色或图案填充表示各种材料的墙体。 (4) 在各层平面图中防火墙宜着重以特殊图案填充表示
2	隔断		(1) 加注文字或涂色或图案填充表示各种材料的轻质隔断。 (2) 适用于到顶与不到顶隔断
3	玻璃幕墙		幕墙龙骨是否表示由项目设计决定
4	栏杆		—
5	楼梯	底层 标准层 顶层	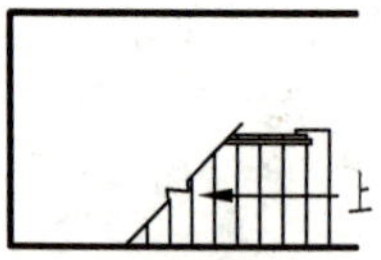 楼梯及栏杆扶手的形式和梯段踏步数按实际情况绘制。 需设置靠墙扶手或中间扶手时,应在图中表示

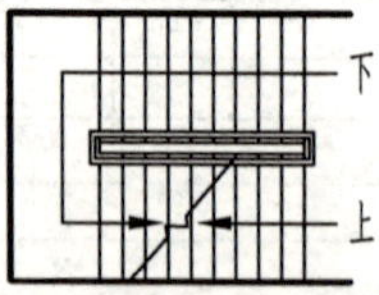

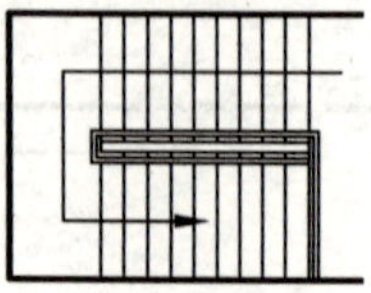

续表

序号	名称	图例	说明
6	长坡道	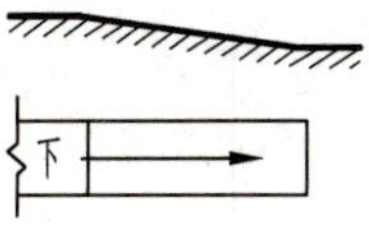	长坡道
7	门口坡道	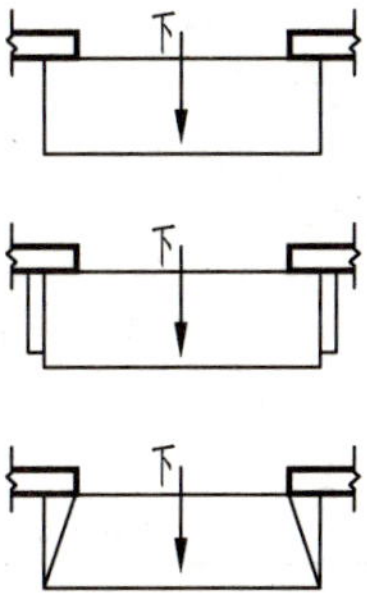	上图为两侧垂直的门口坡道，中图为有挡墙的门口坡道，下图为两侧找坡的门口坡道
8	台阶	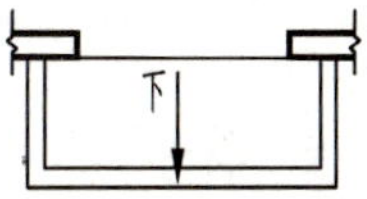	—
9	平面高差	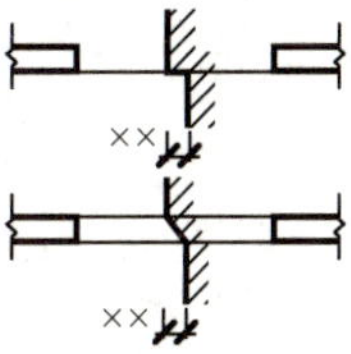	用于高差小的地面或楼面交接处，并应与门的开启方向协调
10	检查口		左图为可见检查口，右图为不可见检查口
11	孔洞		阴影部分亦可填充灰度或涂色代替
12	坑槽		—
13	烟道	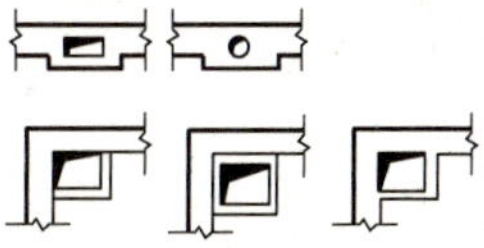	（1）阴影部分可填充灰度或涂色代替。 （2）烟道、风道与墙体为相同材料，其相接处墙身线应连通。 （3）烟道、风道根据需要增加不同材料的内衬
14	风道	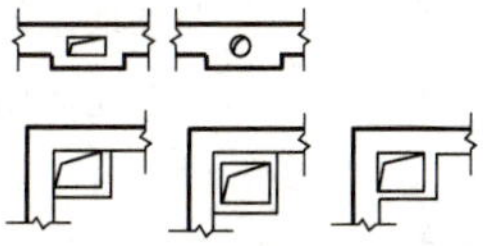	
15	墙预留洞槽	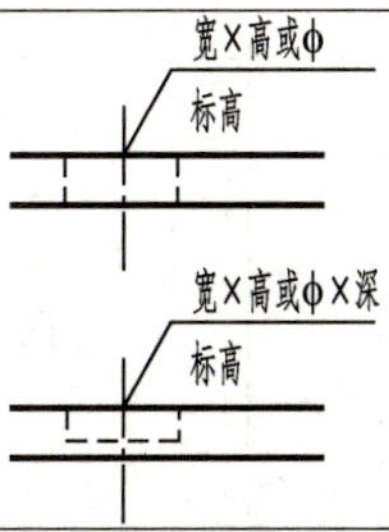	（1）上图为预留洞，下图为预留槽。 （2）平面以洞槽中心定位。 （3）标高以洞槽底或中心定位。 （4）宜以涂色区别墙体和预留洞（槽）

续表

序号	名称	图例	说明
16	新建的墙和窗	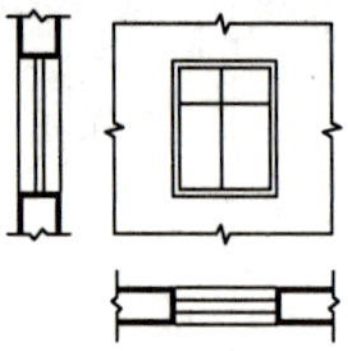	—
17	改建时保留的墙和窗	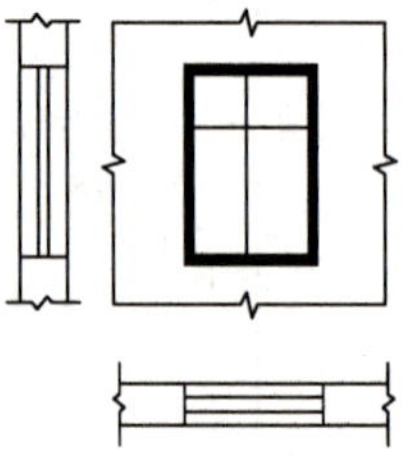	只更换窗，应加粗窗的轮廓线
18	拆除的墙	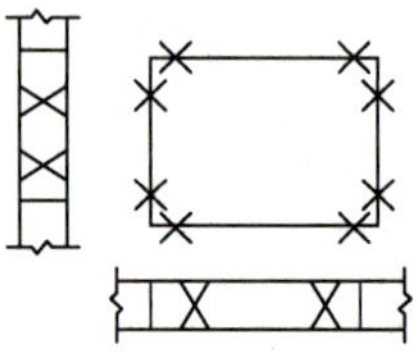	—
19	改建时在原有墙或楼板新开的洞	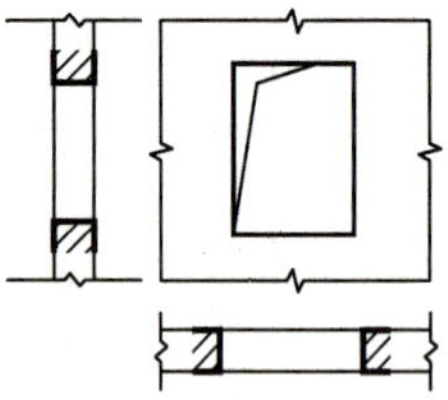	—
20	在原有墙或楼板洞旁扩大的洞	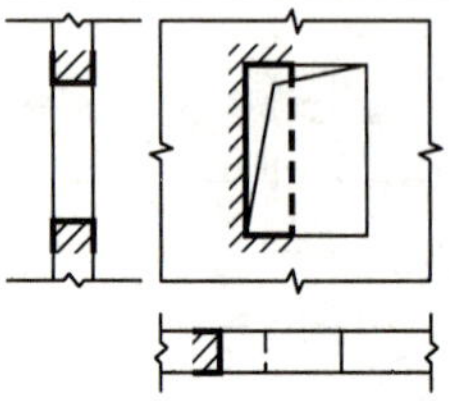	图示为洞口向左边扩大
21	在原有墙或楼板上全部填塞的洞	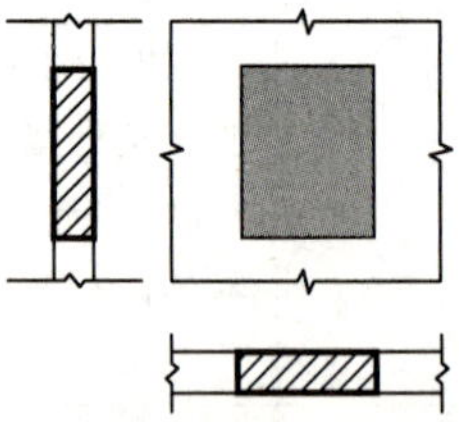	全部填塞的洞 图中立面图填充灰度或涂色
22	在原有墙或楼板上局部填塞的洞	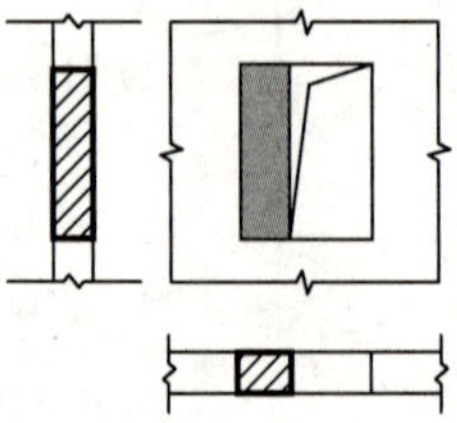	(1) 左侧为局部填塞的洞。 (2) 图中立面图填充灰度或涂色

续表

序号	名　称	图　例	说　明
23	空门洞	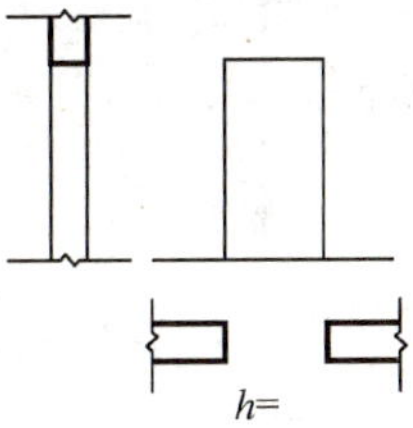	h 为门洞高度
24	单面开启单扇门（包括平开或单面弹簧）	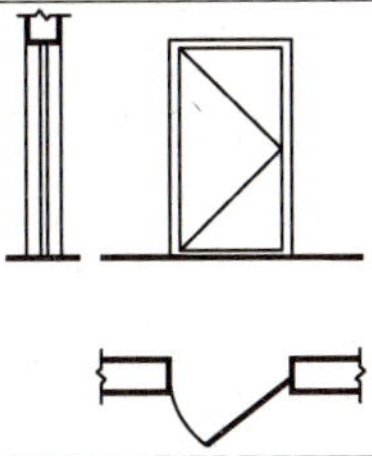	
24	双面开启单扇门（包括双面平开或双面弹簧）	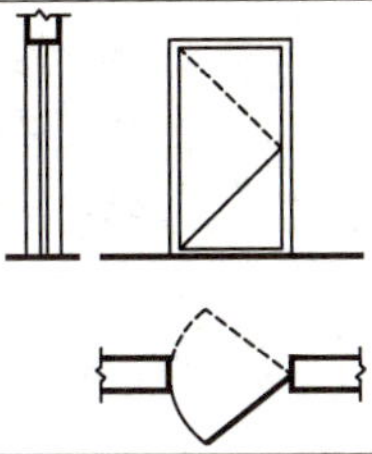	
24	双层单扇平开门	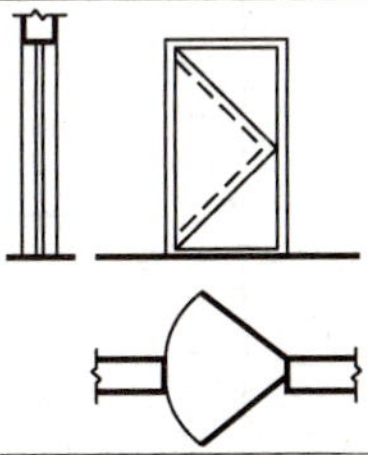	(1) 门的名称代号用 M 表示。 (2) 平面图中，下为外，上为内。门开启线为 90°、60°或 45°。 (3) 立面图中，开启线实线为外开，虚线为内开。开启线交角的一侧为安装合页一侧。开启线在建筑立面中可不表示，在立面大样图中可根据需要绘出。 (4) 剖面图中，左为外，右为内。 (5) 附加纱扇应以文字说明，在平、立、剖面图中均不表示。 (6) 立面形式应按实际情况绘制
25	单面开启双扇门（包括平开或单面弹簧）	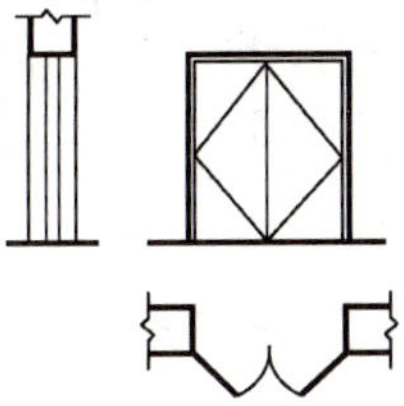	
25	双面开启双扇门（包括双面平开或双面弹簧）	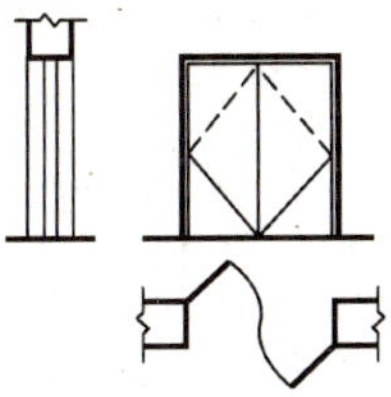	
25	双层双扇平开门	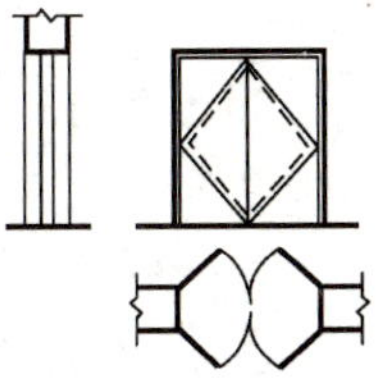	

173

续表

序号	名　称	图　例	说　明
26	旋转门	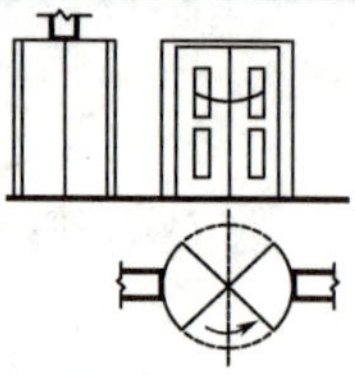	(1) 门的名称代号用 M 表示。 (2) 立面形式应按实际情况绘制
	两翼智能旋转门	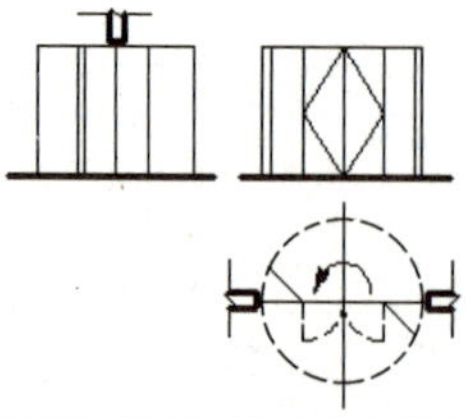	
27	折叠门	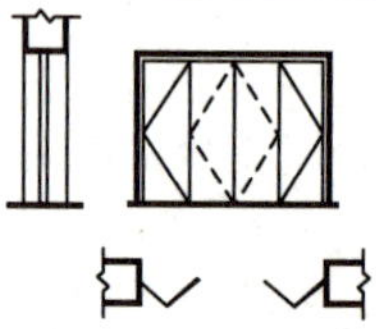	(1) 门的名称代号用 M 表示。 (2) 平面图中，下为外，上为内。 (3) 立面图中，开启线实线为外开，虚线为内开。开启线交角的一侧为安装合页一侧。 (4) 剖面图中，左为外，右为内。 (5) 立面形式应按实际情况绘制
	推拉折叠门	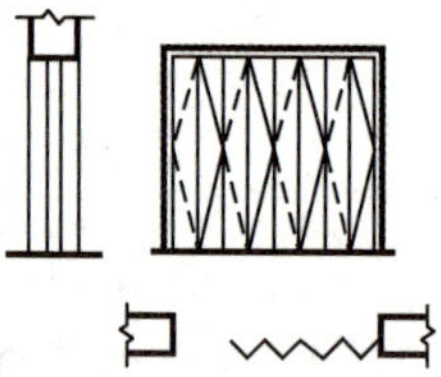	
28	墙洞外单扇推拉门	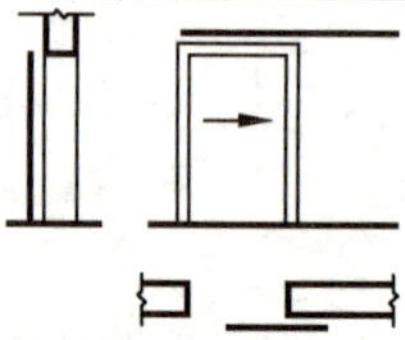	(1) 门的名称代号用 M 表示。 (2) 平面图中，下为外，上为内。 (3) 剖面图中，左为外，右为内。 (4) 立面形式应按实际情况绘制
	墙洞外双扇推拉门	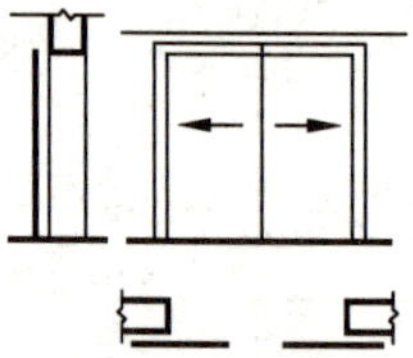	
29	墙中单扇推拉门	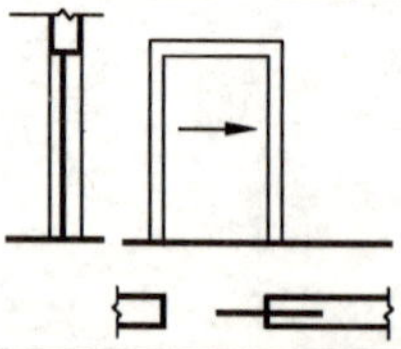	(1) 门的名称代号用 M 表示。 (2) 立面形式应按实际情况绘制
	墙中双扇推拉门	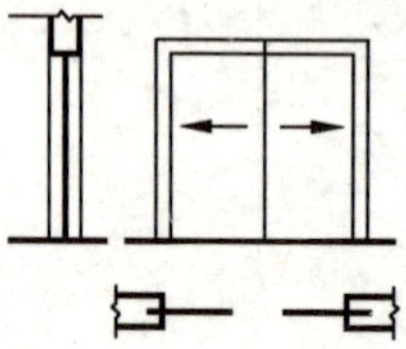	

续表

序号	名 称	图 例	说 明
30	门连窗	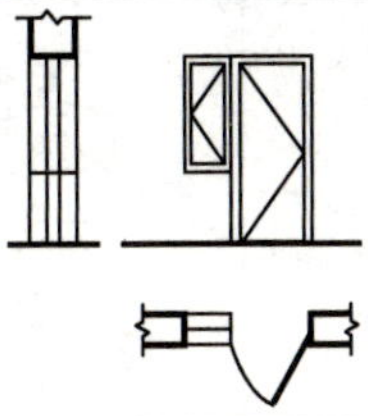	(1) 门的名称代号用 M 表示。 (2) 平面图中，下为外，上为内。门开启线为 90°、60°或 45°。 (3) 立面图中，开启线实线为外开，虚线为内开。开启线交角的一侧为安装合页一侧。开启线在建筑立面中可不表示，在室内设计窗立面大样图中需绘出。 (4) 剖面图中，左为外，右为内。 (5) 立面形式应按实际情况绘制
31	推杠门	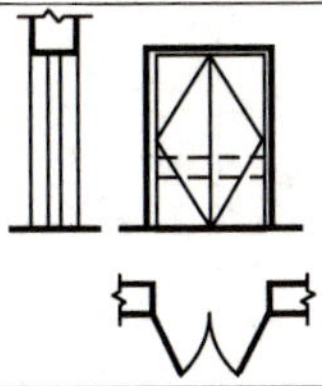	
32	自动门	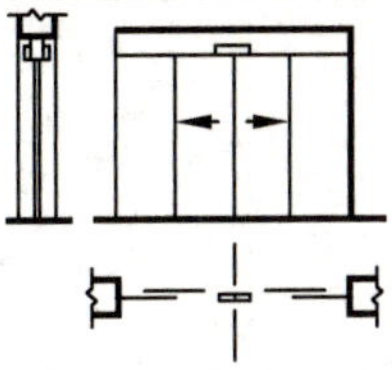	(1) 门的名称代号用 M 表示。 (2) 立面形式应按实际情况绘制
33	折叠上翻门	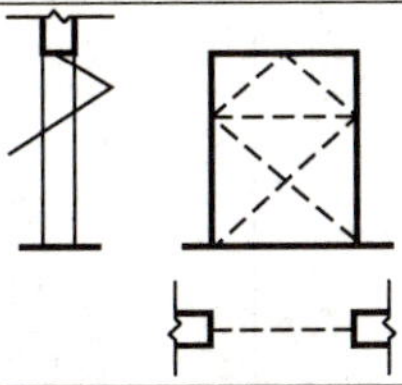	(1) 门的名称代号用 M 表示。 (2) 平面图中，下为外，上为内。 (3) 剖面图中，左为外，右为内。 (4) 立面形式应按实际情况绘制
34	横向卷帘门	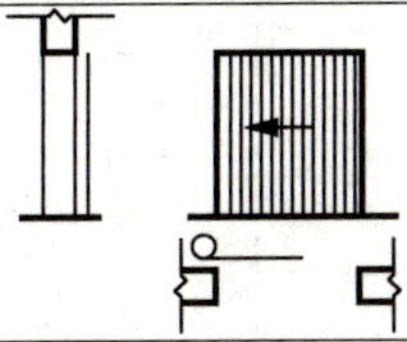	—
	竖向卷帘门	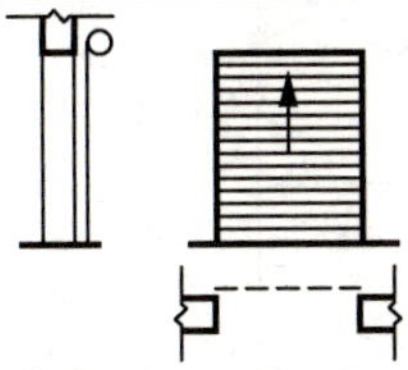	
	单侧双层卷帘门	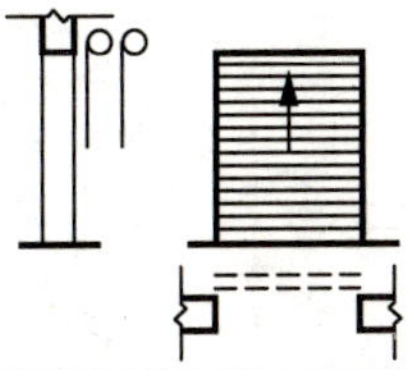	
	双侧双层卷帘门	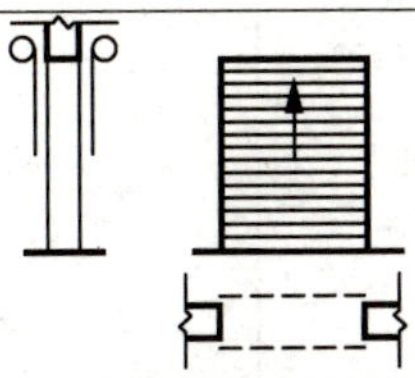	

续表

序号	名称	图例	说明
35	人防单扇防护密闭门	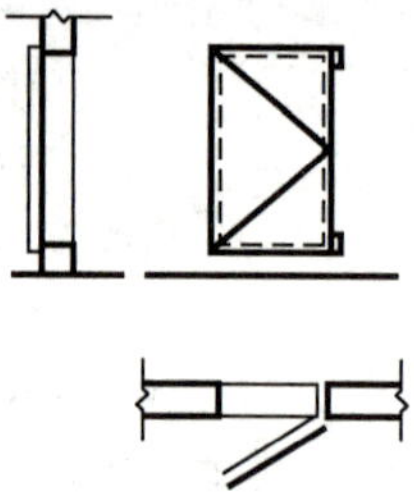	
	人防单扇密闭门	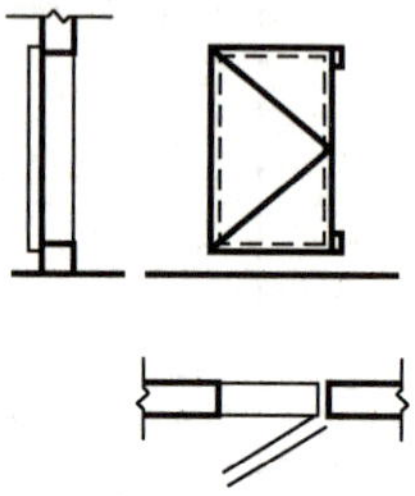	
36	人防双扇防护密闭门	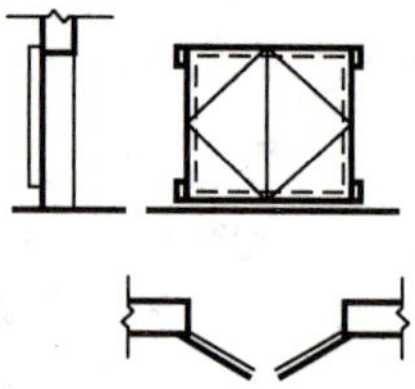	(1) 门的名称代号用 M 表示。 (2) 立面形式应按实际情况绘制
	人防双扇密闭门	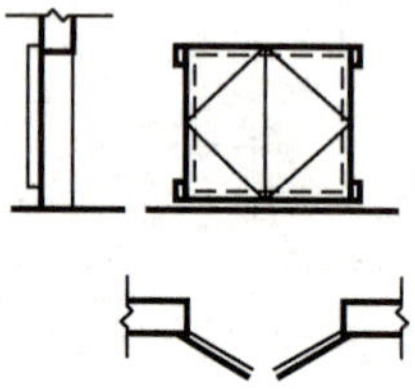	
37	提升门	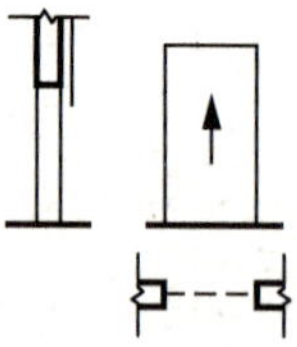	
38	分节提升门	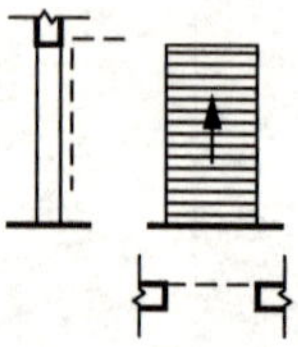	

续表

序号	名　称	图　例	说　明
39	固定窗	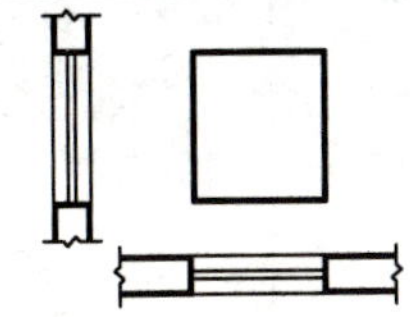	
40	上悬窗	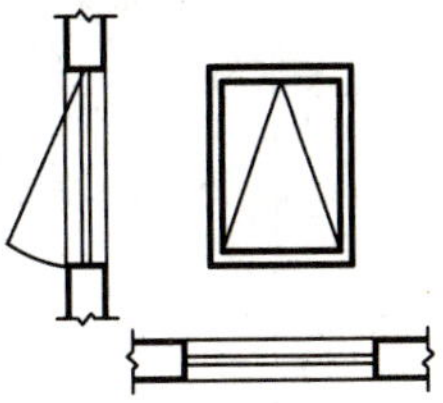	
40	中悬窗	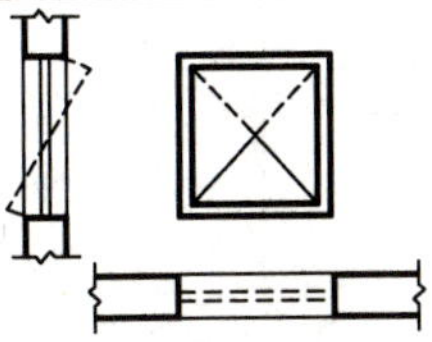	（1）窗的名称代号用 C 表示。 （2）平面图中，下为外，上为内。 （3）立面图中，开启线实线为外开，虚线为内开。开启线交角的一侧为安装合页一侧。开启线在建筑立面中可不表示，在门窗立面大样图中可根据需绘出。 （4）剖面图中，左为外，右为内，虚线仅代表开启方向，项目设计不表示。 （5）附加纱窗应以文字说明，在平、立、剖面图中均不表示。 （6）立面形式应按实际情况绘制
41	下悬窗	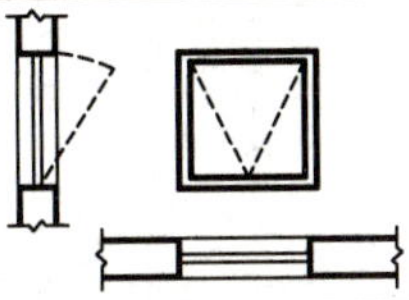	
41	立转窗	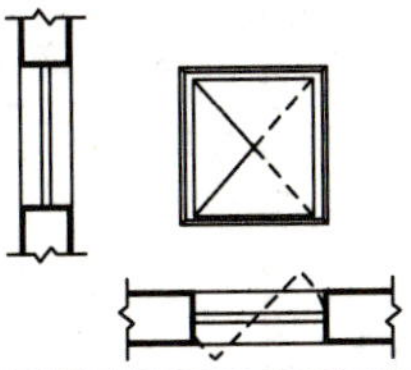	
42	内开平开内倾窗	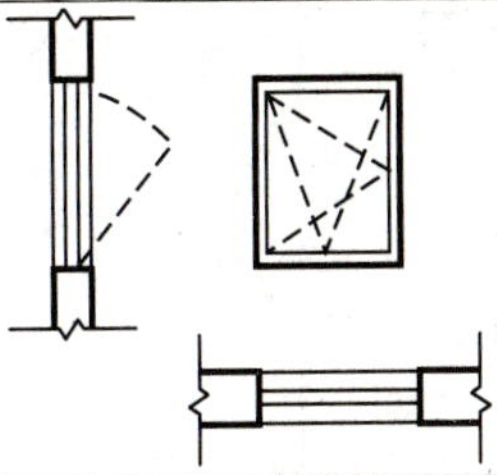	
43	单层外开平开窗	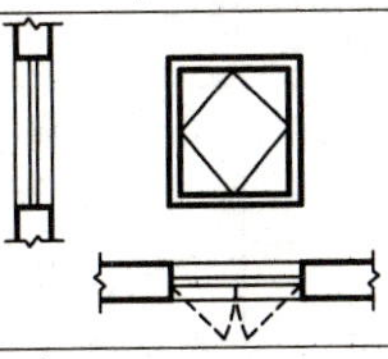	
43	单层内开平开窗	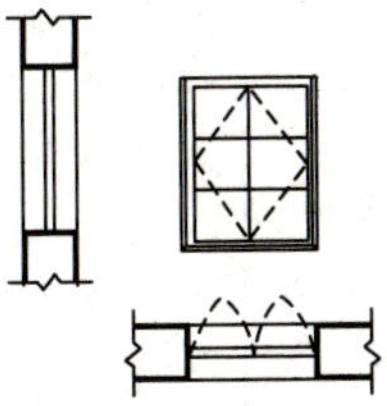	

续表

序号	名称	图例	说明
43	双层内外开平开窗	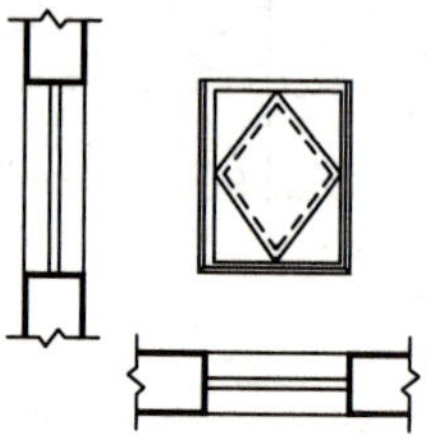	(1) 窗的名称代号用 C 表示。 (2) 平面图中，下为外，上为内。 (3) 立面图中，开启线实线为外开，虚线为内开。开启线交角的一侧为安装合页一侧。开启线在建筑立面中可不表示，在门窗立面大样图中可根据需绘出。 (4) 剖面图中，左为外，右为内，虚线仅代表开启方向，项目设计不表示。 (5) 附加纱窗应以文字说明，在平、立、剖面图中均不表示。 (6) 立面形式应按实际情况绘制
44	单层推拉窗	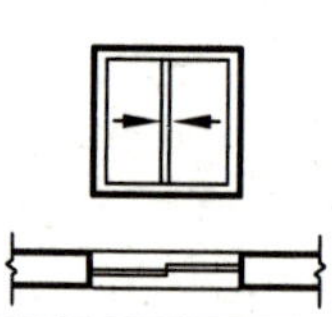	
	双层推拉窗	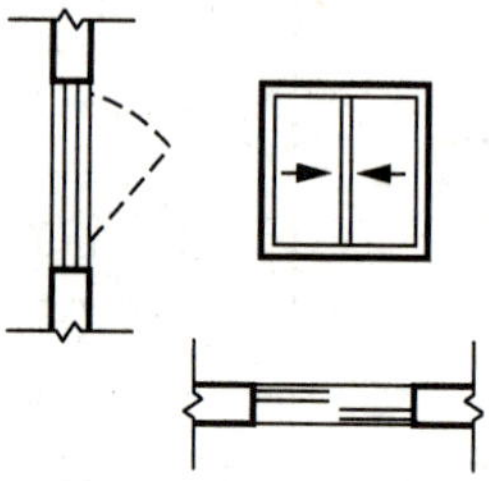	
45	上推窗	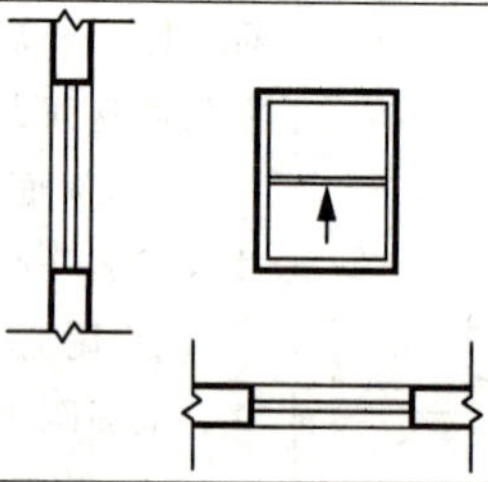	(1) 窗的名称代号用 C 表示。 (2) 立面形式应按实际情况绘制
46	百叶窗	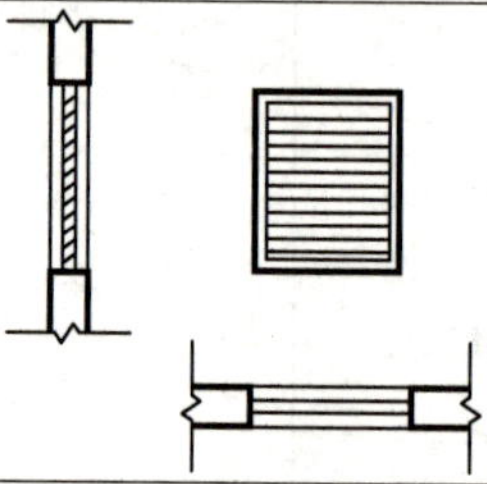	
47	高窗	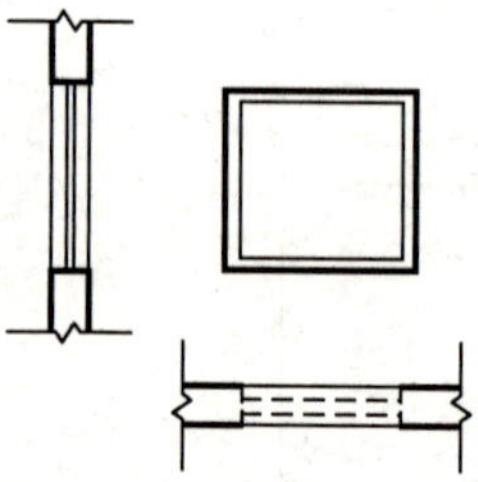 $h=$	(1) 窗的名称代号用 C 表示。 (2) 立面图中，开启线实线为外开，虚线为内开。开启线交角的一侧为安装合页一侧。开启线在建筑立面中可不表示，在门窗立面大样图中可根据需要绘出。 (3) 剖面图中，左为外，右为内。 (4) 立面形式应按实际情况绘制。 (5) h 表示高窗底距本层地面标高。 (6) 高窗开启方式参考其他窗型

续表

序号	名　称	图　例	说　明
48	平推窗	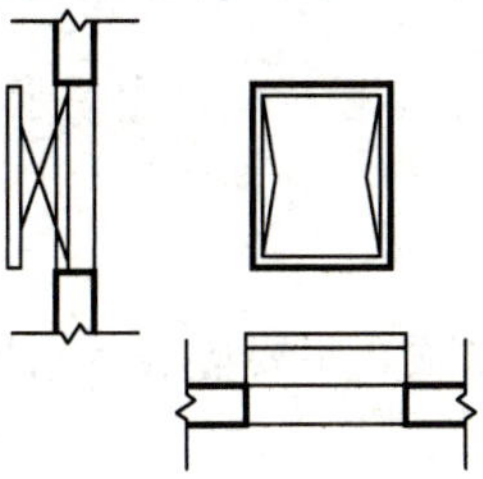	(1) 窗的名称代号用 C 表示。 (2) 立面形式应按实际情况绘制
49	电梯	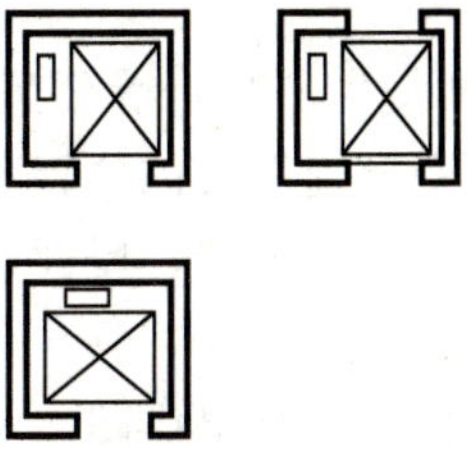	(1) 电梯应注明类型，并应按实际绘出门和平衡锤或导轨的位置。 (2) 其他类型电梯应参照本图例按实际情况绘制
50	杂物梯、食梯	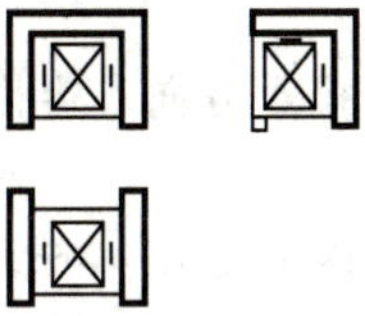	
51	自动扶梯	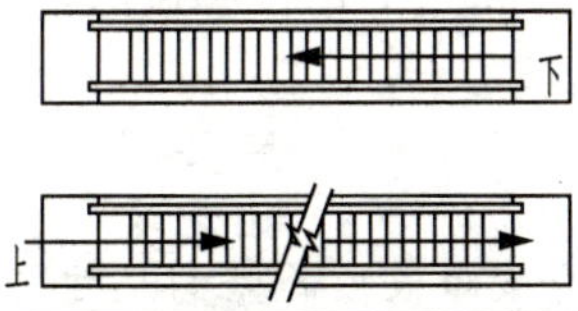	箭头方向为设计运行方向
52	自动人行道	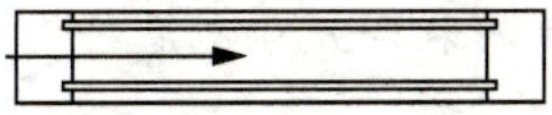	
53	自动人行坡道	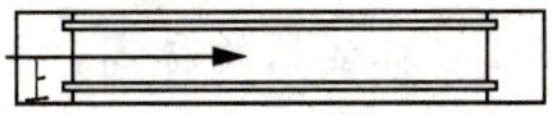	

特别提示

(1) 平面图的方向宜与总图方向一致。平面图的长边宜与横式幅面图纸的长边一致。

(2) 在同一张图纸上绘制多于一层的平面图时，各层平面图宜按层数由低向高的顺序从左至右或从下至上布置。

(3) 计算新建建筑物的建筑面积查阅建筑平面图，识读建筑平面图要注意以下几个关键问题。

① 要核对建筑物的总尺寸与分尺寸之和是否一致。

② 要核对建筑物的主要开间、进深尺寸有无错误，房间的净尺寸有无错误。

③ 要核对从平面图中引出的详图和引用的标准图的索引符号有无错误。

④ 要核对各层平面的地面标高。

9.2.4 屋顶平面图

屋顶的构成

屋顶平面图是屋面的水平正投影图，它表示屋面从上向下作投影所能表现出的一切内容。

1. 屋顶平面图的作用

不管是平屋顶还是坡屋顶，主要应表示出屋面排水情况和突出屋面的全部构造位置。

2. 屋顶平面图的基本内容

（1）表示屋顶形状和尺寸，挑出的屋檐尺寸，女儿墙位置和墙厚，突出屋面的楼梯间、水箱间、烟囱、通风道、检修孔、屋顶变形缝等具体位置。

（2）表示出屋面排水情况、排水分区、屋脊、天沟、屋面排水方向、屋面坡度和下水口位置等。

（3）屋顶构造复杂的还要加示详图索引标志，画出详图。

3. 屋顶平面图的读图注意事项

图 9.5 是屋顶平面图，内容包括分水线、排水方向、突出屋顶的通风孔、屋顶爬梯具体位置和檐部排水与落水管具体位置。

屋顶平面图虽然比较简单，也应与外墙详图和索引屋面细部构造详图对照才能读懂，尤其是室外楼梯、上人孔、烟道、通风道、檐口等部位和做法，以及屋面材料防水做法。

特别提示

（1）顶层层高指楼房顶层地面到结构屋面板顶的竖向尺寸。

（2）平屋顶的屋顶平面图应标明屋顶形状和尺寸、屋檐尺寸、女儿墙位置和墙厚、排水情况、排水分区等。

（3）平屋面等不易标明建筑标高的部位可标注结构标高，并予以说明。结构找坡的平屋面，屋面标高可标注在结构板面最低点，并注明结构标高。有屋架的屋面，应注明屋架下弦搁置点或柱顶标高。

9.2.5 建筑平面图绘图步骤

建筑平面图绘图按以下步骤绘制。

（1）定位轴线。先定横向和纵向的最外两道轴线，再根据开间和进深尺寸定出各轴线。

（2）画墙身厚度，定门窗洞口位置。定门窗洞口位置时，应从轴线往两边定门窗间墙宽，这样门窗宽自然就定出来了。

（3）画楼梯、散水、明沟等细部。

（4）按施工图要求加深或加粗图线，并标注轴线、尺寸、门窗编号、剖切位置线、图名、比例及其他文字说明。

第9章 建筑施工图

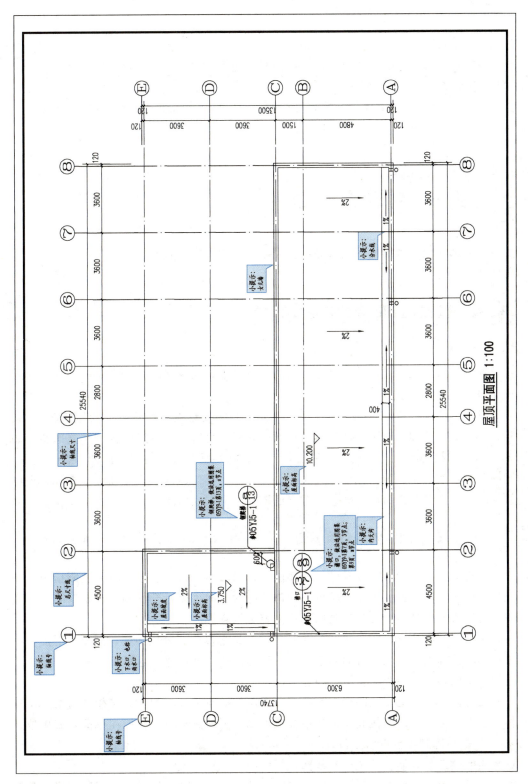

图9.5 屋顶平面图

(5) 平面图中线型要求：剖到的墙身用粗实线，未剖的墙轮廓线、构配件轮廓线、窗洞、窗台及门扇为中粗线，窗扇及其他细部为细实线。

 **特别提示**

(1) 平面图及其详图注写完成面标高。
(2) 标注建筑平面图各部位的定位尺寸时，应注写与其最邻近的轴线间的尺寸。

9.3 建筑立面图

房屋的外部形状、外墙面的装修做法主要在哪个图纸中反映？计算外墙面的装修面积查看哪些图纸？

9.3.1 建筑立面图的用途和形成

1. 建筑立面图的用途

建筑物的外观特征、艺术效果全靠立面图反映出来。建筑立面图主要为室外装修用。

2. 建筑立面图的形成

为了反映房屋的外形、高度，在与房屋立面平行的投影面上所作出的房屋正投影图，称为建筑立面图，简称立面图。从房屋的正面由前向后投射的正投影图称为正立面图，如图 9.6 所示。如果房屋 4 个方向立面的形状不同，则要画出左、右侧立面图和背立面图。立面图的名称可按房屋的朝向分别称为东立面图、南立面图、西立面图和北立面图，还可按房屋两端轴线的编号来命名，如①~③立面图、Ⓐ~Ⓒ立面图。

9.3.2 建筑立面图的内容和规定

(1) 表现建筑物外形上可以看到的全部内容，如散水、台阶、雨水管、遮阳措施、花池、勒脚、门头、门、窗、雨篷、阳台、檐口。屋顶上面可以看到的烟囱、水箱间、通风道，以及可以看到的外楼梯等可看到的其他内容和位置。

(2) 表明建筑物外形高度方向的 3 道尺寸线，即总高度，分层高度，门窗上下皮、勒脚、檐口等具体高度。而长度方向由于平面图已标注过详细尺寸，这里不再标注，但长度方向首层两端的轴线要用数字符号标明。

(3) 因立面图重点是反映高度方面的变化，虽然标注了 3 道尺寸，若想知道某一位置的具体高度还需推算，为简便起见，从室外地坪到屋顶最高部位，都标注标高，其单位是米（m），一般精确到小数点后 3 位。

(4) 表明建筑物外墙各部位建筑装修材料做法。

图 9.6 是一个正立面图，其主要内容有：①长向首尾两轴线编号；②门窗形式和具体

第9章 建筑施工图

图9.6 正立面图

位置；③全部外形和外装修做法；④各个部位的标高；⑤高度方向的 3 道尺寸。

9.3.3 建筑立面图的读图注意事项

建筑立面图的读图注意事项如下。

（1）立面图与平面图有密切关系，各立面图轴线编号均应与平面图严格一致，并应校核门、窗等所有细部构造是否正确无误。

（2）各立面图彼此之间在材料做法上有无不符、不协调之处，以及检查房屋整体外观、外装修有无不交圈之处。

9.3.4 建筑立面图绘图步骤

建筑立面图绘图按以下步骤进行。

（1）定室外地坪线、外墙轮廓线和屋面檐口线。屋脊线由侧立面图投影到正立面图上得到。

在合适的位置画上室外地坪线。定外墙轮廓线时，如果平面图和正立面图画在同一张图纸上，则外墙轮廓线应由平面图的外墙外边线根据"长对正"的原理向上投影而得。根据高度尺寸画出屋面檐口线。如无女儿墙时，则应根据侧面或剖面图上屋面坡度的脊点，投影到正立面图上定出屋脊线。本例有女儿墙，根据标高即可定出女儿墙压顶线。

（2）定门窗位置，画细部，如檐口、门窗洞、窗台、雨篷、阳台、楼梯、花池等。

正立面图上门窗宽度应由平面图下方外墙的门窗宽投影得出。根据窗台高、门窗顶高度画出窗台线、门窗顶线、檐口线。

（3）经检查无误后，擦去多余的线条，按立面图上的线型要求加粗线宽。画出少量门窗扇、装饰、墙面分格线。立面图线宽，习惯上屋脊线和外轮廓线用粗实线，室外地坪线用特粗线。轮廓线内可见的墙身、门窗洞、窗台、阳台、雨篷、台阶、花池等轮廓线用中实线，门窗格子线、栏杆雨水管、墙面分格线用细实线。

（4）最后标注标高，应注意各标高符号等腰直角三角形的顶点在同一条竖直线上，写图名、比例、轴线和文字说明，完成全图。

特别提示

识读建筑立面图时，关键要了解以下几个问题。
（1）要注意建筑立面所选的材料、颜色及施工要求。
（2）要注意建筑立面的凸凹变化。
（3）要核对立面图与剖面图、平面图的尺寸关系。
（4）立面图上标注尺寸有两种方法：一是外形高度方向的 3 道尺寸线，二是门窗、楼地面等关键部位的标高标注。

9.4 建筑剖面图

9.4.1 建筑剖面图的用途和形成

1. 建筑剖面图的用途

建筑剖面图主要用来表示房屋内部的结构形式、高度尺寸及内部上下分层的情况。

2. 建筑剖面图的形成

建筑剖面图是用一个假想的垂直剖切面（也可能是阶梯形或旋转剖切的形式），将房屋剖切得到的剖面形式投影图。

建筑剖面图的剖切位置来源于建筑平面图，一般选在平面或组合中不易表示清楚并较为复杂的部位，画出剖切位置和朝向，并给予编号，然后用一个假想的垂直剖切面，将房屋剖开得到的剖面形式投影图，并标示出被剖切到的部位的结构形式与材料做法。

9.4.2 建筑剖面图的内容和规定

建筑剖面图的内容和规定有如下几个方面。

（1）表明建筑物被剖切到部位的高度，如各层梁板的具体位置以及和墙、柱的关系，屋顶结构形式等。

（2）表明在此剖面内垂直方向室内外各部位构造尺寸，如室内净高、楼层结构、楼面构造及各层厚度尺寸。室外主要标注3道垂直方向的尺寸，水平方向标注轴间尺寸。

图 9.7 是建筑剖面图，它是对应于平面图中的剖切位置和朝向画成的。本图的主要内容包括：横向3条轴线编号之间距离为两个房间的进深；图形本身表现为3层楼上下结构分层及墙上门窗位置，楼梯间位置，雨篷和屋顶突出构造；内外标高和各部分分段尺寸标注。

9.4.3 建筑剖面图的读图注意事项

建筑剖面图在读图时要注意以下事项。

（1）剖面图表示的内容多为有特殊设备的房间，如锅炉房、实验室、浴室、厕所、厨房等，里面都有固定设备，需用剖面图表示清楚它们的具体位置、形状尺寸等。阅读剖面图就要校核该图所在轴线位置、剖切到的内容和部位是否与平面图中相应的内容完全一致。

（2）剖面图中的尺寸重点表明内外高度尺寸（当然也有横向或纵向尺寸）和标高时，应仔细校核这些具体细部尺寸是否和平面图、立面图中的尺寸完全一致，内外装修做法与材料做法是否也同平面图与立面图一致。这些校核都要从整体考虑，而不要单纯只是阅读剖面图。

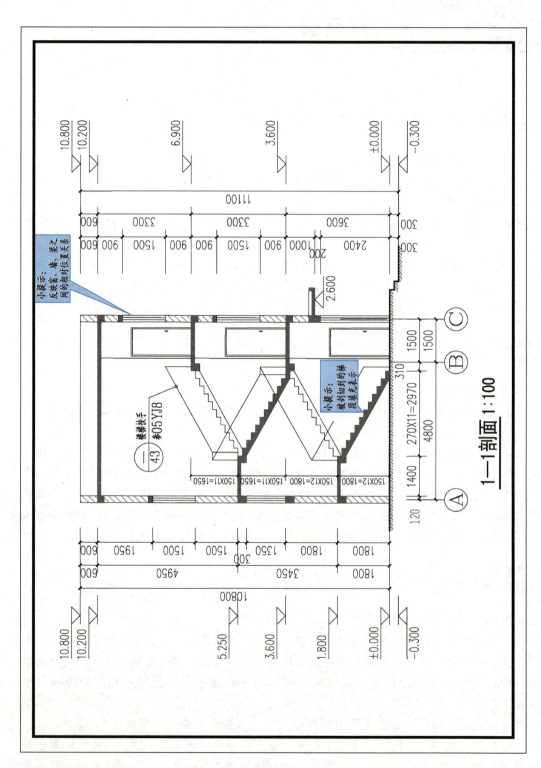

图 9.7 建筑剖面图

9.4.4 建筑剖面图绘图步骤

在画剖面图之前,根据平面图中的剖切位置和编号,分析所要画的剖面图哪些是剖到的,哪些是未剖到的,做到心中有数,有的放矢。

(1)定轴线、室内外地坪线、楼面线和顶棚线。

(2)定墙厚、楼板厚,画出天棚、屋面坡度和屋面厚度。

(3)定门窗、楼梯等位置,画门窗、楼梯、阳台、檐口、台阶、梁板等细部。

(4)经检查无误后,擦去多余的线条,填充材料图例,按要求加深加粗线型。画尺寸线,标高符号并注写尺寸和文字,完成全图。

(5)剖面图上线型,即剖切到的室外、室内地坪、墙身、楼面、屋面用粗实线,未剖到的门窗洞、构配件用中实线,窗扇及其他细部用细实线。

特别提示

(1)识读建筑剖面图时,必须先熟悉有关图例;依据建筑平面图上剖切部位,核对剖面图表示的内容是否齐全。

(2)标注建筑剖面各部位的定位尺寸时,应注写其所在层次内的尺寸。

9.5 建筑详图

建筑平面图、立面图、剖面图虽然已将房屋主体表示出来,但由于比例较小,无法把所有详细内容表达清楚,而建筑详图可以解决局部的详细构造。就民用建筑而言,应画详图的部位就很多,如不同部位的外墙详图、楼梯详图等。室内有固定设备的如实验室、卫生间、厨房、厕所、浴室等,也可用详图表示。如今很多构件、配件都采用了标准图集说明详细构造,施工图中可以简化或用代号表示,而施工中必须配合相应标准图集才能阅读清楚。本节仅就外墙详图、楼梯详图加以介绍。

9.5.1 外墙详图

外墙详图实际上是建筑剖面图中,外墙墙身从室外地坪以上到屋顶檐部的局部放大图。

1. 外墙详图的作用

外墙详图配合建筑平面图可以为砌墙、室内外装修、立门窗口、放预制构件或配件等提供具体做法,并为编制工程预算和准备材料提供依据。

2. 外墙详图的基本内容

（1）外墙详图要和平面图中的剖切位置或立面图上的详图索引标志、朝向、轴线编号完全一致，并用较大比例画图。

（2）表明外墙厚度与轴线的关系。轴线在墙中央还是偏向一侧，墙上哪儿有突出变化，均应分别标注清楚。

（3）表明室内外地面处的节点构造。这部分包括基础墙厚度、室外地面高程、散水或明沟做法、台阶或坡道做法、墙身防潮层做法、首层地面做法、暖气沟和暖气槽做法、暖气管件做法、室外勒脚做法、室内踢脚板或墙裙做法、首层室内外窗台做法等。

（4）表明楼层处节点详细做法。此处包括下层窗过梁到本层窗台范围里的全部内容。有门过梁、雨篷或遮阳板、楼板、圈梁、阳台板、阳台栏杆或栏板、楼地面、踢脚板或墙裙、楼层内外窗台、窗帘盒或窗帘杆、顶棚和内外墙面做法等。当楼层为若干层而节点又完全相同时，可用一个图纸表示，但需标注若干层的楼面标高。

（5）表明屋顶檐口处节点细部做法。此部位从顶层窗过梁到檐口（或到女儿墙上皮）之间全部属此范围，包括门窗过梁、雨篷或遮阳板、顶层屋顶板或屋架、圈梁、屋面、室内顶棚或吊顶、檐口或女儿墙、屋面排水的天沟、下水口、雨水斗和雨水管、窗帘盒或窗帘杆等。

（6）各个部位的尺寸与标高的标注。原则上与立面图和剖面图注法一致，此外还应加注挑出构件挑出长度的细部尺寸和挑出构件结构下皮的标高尺寸。标高的标注总原则是：除层高线的标高为建筑表面以外（平屋顶顶层层高线，常以顶板上皮为准），都宜标注结构表面的尺寸标高。

（7）此外，还应表达清楚室内外装修各个构造部位的详细做法。如果某些部位图面比例较小，不易表达更为详细的细部做法时，应标注文字说明或详图索引标志。

图 9.8 是墙身剖面示意。图 9.9 是外墙身剖面详图。

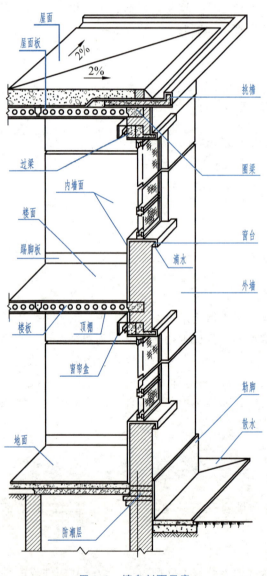

图 9.8 墙身剖面示意

第9章 建筑施工图

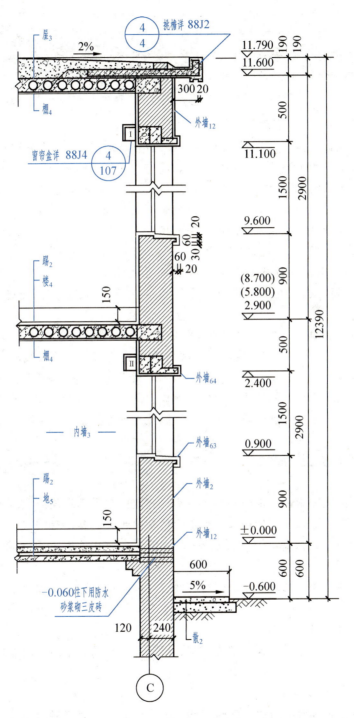

图 9.9 外墙身剖面详图

 **特别提示**

外墙详图的用途是配合建筑平面图可以为砌墙、做室内外装修、立门窗口、放预制构件或配件等提供具体做法,并为编制工程预算和准备材料提供依据。外墙详图主要表明外墙厚度与轴线的关系、墙身各部位的节点构造。

3. 外墙详图的读图注意事项

(1) 由于外墙详图能比较明确、清楚地表现出每项工程中绝大部分的主体与装修做法,所以,除读懂图面上表达的全部内容外,还应认真、仔细地与其他图纸联系阅读,如勒脚下的基础墙做法要与结构施工图的基础平面图和剖面图联系阅读,楼层与檐口、阳台、雨篷等也应和结构施工图的各层顶板结构平面图和剖面节点详图联系阅读,这样才能加深理解,并从中发现图纸相互之间的联系和出现的问题。

(2) 应反复校核图内尺寸与标高是否一致,并应与本专业其他图纸、结构专业图纸反复校核。很多由于设计人员疏忽或经验不足,使得本专业图纸之间或与其他专业图纸在尺寸与标高,甚至在做法上产生不统一的现象,给施工人员阅读图纸带来很多困难。

(3) 除认真阅读详图中被剖切到的部分做法以外,图面中没被剖切到的部分也必须表达清楚的地方,要画可见轮廓线,而且线条粗度与剖切部位轮廓线粗度有差别,阅读时不可忽视,因为一条可见轮廓线可能代表一种材料做法,如相邻两阳台中间的隔墙、晒衣架、铁栏杆、门窗洞口处的墙厚度、门窗套口、落水管、台阶、花池等有时外墙剖切面剖切不到它,但又在较近位置及有直接关系,因此不能忽视任何一条可见轮廓线。

9.5.2 楼梯详图

楼梯是上下交通设施,要求坚固耐久。当代建筑中多采用现浇或预制的钢筋混凝土楼梯。楼梯组成有楼梯段(又称梯段或楼梯跑,包括踏步和斜梁。有的层高之间只设一跑楼梯段,光设踏步而没有斜梁,但底板较厚)、休息平台(由平台板和平台梁组成)、栏板(或栏杆)和扶手等。

比较复杂的楼梯要分别绘制建筑、结构两种专业图纸。装修比较简单的楼梯可以合并画一种楼梯详图。

1. 楼梯详图的作用

楼梯详图用于表明楼梯形式、结构类型、楼梯和楼梯间的平面与剖面尺寸、细部装修做法。

2. 楼梯详图的基本内容

楼梯建筑详图需要画平面图、剖面图和详图。除首层和顶层平面图外,中间无论有多少层,只要各层楼梯做法完全相同,可只画一个平面图,即标准层平面图。剖面图也类似,若中间各层做法完全相同,也可用一标准层剖面图代替,但该剖面图上下要加画水平折断线。详图包括踏步详图、栏板或栏杆详图和扶手详图等。

(1) 楼梯平面图

楼梯平面图的剖切位置，一般选在本层地面到休息平台之间，或者说是第一梯段中间，水平剖切以后向下作的全部投影，称为本层的楼梯平面图。如果是三层楼房，每层是两跑楼梯中间有一块休息平台板，楼梯间首层平面图应表示出第一跑楼梯剖切以后剩下的部分梯段；第一梯段下若设置成小储藏室，还要显示出该跑下面的隔墙、门；还有外门和室内外台阶等。二层平面图则应表示出第一跑楼梯的上半部、第一块休息平台，第二跑楼梯和第三跑楼梯被剖切以后的下半部。三层平面图应表示第三跑楼梯的下半部、第二块休息板、第四跑完整楼梯和二层楼面。

各层平面图，除应注明楼梯间的轴线和编号外，还必须注明楼梯段的宽度，梯井宽度，休息板和楼层平台板的宽度，楼梯段的水平投影长度，如 270 mm×11＝2970(mm)，意思为踏步宽×(楼梯段的踏步数－1)＝楼梯段的水平投影长度，另外还应注出楼梯间墙厚、门和窗的具体位置尺寸等。

在楼梯平面图中，沿楼梯段的中部，标有"上或下"字的箭头，表示以本层地面为起点上、下楼梯的走向。图中要标明地面、各层楼面和休息平台面的标高。在首层楼梯间平面图中，还应标注楼梯剖面图的剖切符号。

图 9.10 是楼梯平面图。它的基本内容包括一层平面图、顶层平面图、二层平面图（如果为多层建筑且各楼层房间的平面布局相同时，则首层以上、顶层以下的各层，可只用其一层代表，称其为中间层或标准层），各层楼梯间墙的轴线及编号，表明楼梯宽度、栏板厚度、休息板宽度和其他细部尺寸及定位尺寸，各层地面及休息板的标高、构造柱和门窗的位置及外围构造，上、下楼梯的方向以及得到图 9.7 所示楼梯间 1—1 剖面图的剖切位置与投影方向。

(2) 楼梯剖面图

楼梯剖面图重点表明楼梯间的竖向关系，如各个楼层和各层休息平台的标高，楼梯段数和每个楼梯段的踏步数，有关各构件的构造做法，楼梯栏杆（栏板）及扶手的高度与式样，楼梯间门窗洞口的位置和尺寸等。

图 9.7 是楼梯间 1—1 剖面图。它是按楼梯间首层平面图中 1—1 剖切符号所示的剖切位置和投影方向而得到的，被直接剖切到的部位有各层地面、休息板和楼梯段、墙。这些被剖切到的部位，包括过梁、雨篷等，都应分别画出各自的材料符号。图中还分别标明了室内外地面、各楼层地面和休息板上皮以及窗台、门窗过梁下皮的标高，轴间尺寸和竖向尺寸，门窗洞高度和扶手高度尺寸等。

(3) 楼梯踏步、栏杆及扶手详图

楼梯踏步由水平踏面和垂直踢面组成。踏步详图即表明踏步截面形状及大小、材料与面层做法。踏面边沿磨损较大，易滑跌，常在踏步平面靠沿部位设置一条或两条防滑条。

栏杆与扶手是为上下行人安全而设，靠梯段和平台悬空一侧设置栏杆或栏板，上面做扶手，扶手形式与大小及所用材料要满足一般手握适度弯曲情况。由于踏步与栏杆、扶手是详图中的详图，所以，要用详图索引标志画出详图。

若楼梯间地面标高低于首层地面标高，应注意楼梯间墙身防潮层具体做法。

楼梯详图若分别画有建筑、结构专业图纸，应注意核对好楼梯梁、板交接处的尺寸与标高，以及结构与建筑装修关系是否互相吻合。若有矛盾，要以结构尺寸为主，再定表面装修构造尺寸。

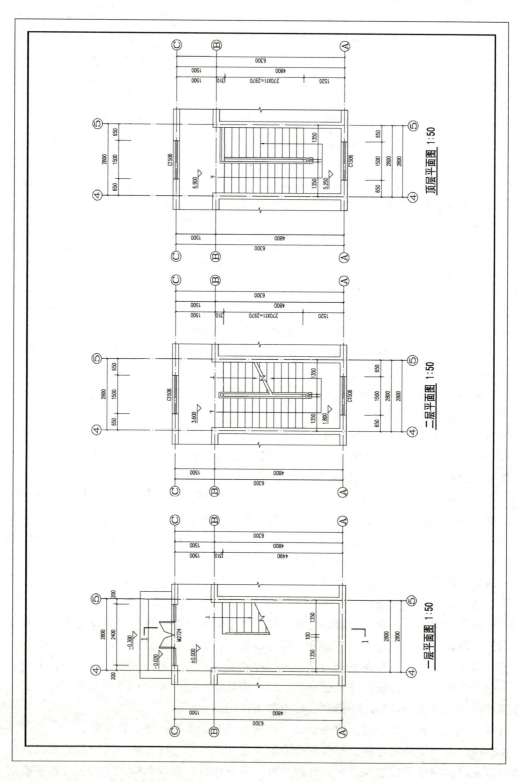

图 9.10 楼梯平面图

 **特别提示**

(1) 识读楼梯详图时,要区分各层楼梯平面图,掌握各层楼梯平面图不同的特点。

(2) 楼梯平面图除首层和顶层平面图外,中间无论有多少层,只要各层楼梯做法完全相同,就可只画一个平面图,即标准层平面图。

(3) 详图包括踏步详图、栏板或栏杆详图和扶手详图等。

本章回顾

本章讲述了总平面图、建筑平面图、立面图、剖面图,以及建筑详图的内容与阅读方法。

(1) 总平面图主要用来确定新建房屋的位置及朝向,以及新建房屋与原有房屋周围、地物的关系等内容。

(2) 建筑平面图、立面图和剖面图能表示房屋外部整体形状,内部房间布置,建筑构造及材料和内外装修等内容。

① 根据平面图,可看出每一层房屋的平面形状、大小和房间布置、楼梯走廊位置、墙柱的位置、厚度和材料、门窗的类型和位置等情况。

② 根据平面图和剖面图,可看出墙厚和使用的材料,可了解各房间的长、宽、高尺寸,以及门窗洞口的宽、高尺寸。

③ 根据立面图和剖面图,可了解房屋立面上建筑装饰的材料和颜色、屋顶的构造形式(有时把楼面、屋顶的构造用引出线表示在剖面图上,还在剖面图上画上屋面的排水坡度)、房屋的分层及高度、屋檐的形式,以及室内外地面的高差等。

想一想

1. 建筑施工图都包括哪些内容?它们是怎么形成的?

2. 总平面图包括哪些内容?新建房屋和拟建房屋怎么表示?标高怎么标注?

3. 如何绘制建筑平面图?建筑平面图上门、窗怎么表示?应注出什么尺寸?是否需要标注高度尺寸?

4. 建筑立面图要求表示建筑物的哪些部位及内容?建筑物4个立面图的投影方向如何绘制?

5. 试绘出你所居住或你熟悉的楼房平面图草图,它们是怎样布置的?各房间的尺寸如何绘制?

6. 建筑剖面图包括哪些内容?如何表示其剖切位置?

7. 在建筑立面图及剖面图中，标高如何标注？画图时有什么要求？其单位是什么？

8. 建筑平面、立面及剖面之间的投影关系是什么？

9. 什么是建筑详图？它的作用是什么？有什么特点？

10. 外墙详图是怎样形成的？应包括哪些内容？

11. 楼梯详图包括哪些内容？楼梯平面图是如何得到的？3层及以上楼房为什么至少要画3个平面图？

12. 楼梯平面图中的踏面数为什么比楼梯级数少一个？

第 10 章 结构施工图

思维导图

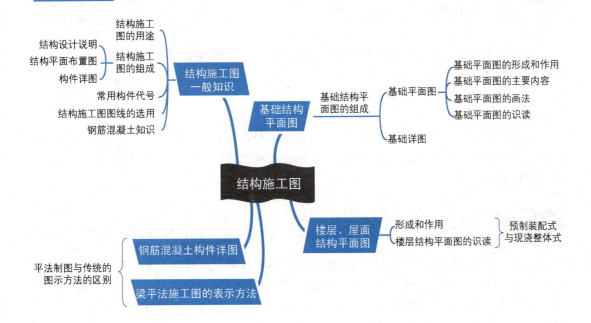

引言

前面介绍了建筑施工图，知道建筑施工图只表达了建筑的外形、大小、功能、内部布置、内外装修和细部结构的构造做法。而建筑物的各承重构件如基础、柱、梁、板等结构构件的布置和连接情况并没有表达出来。因此在进行建筑设计时除了画出建筑施工图外，还要进行结构设计，画出结构施工图。本章将介绍结构施工图的内容和用途。

10.1 结构施工图概述

10.1.1 结构施工图简介

结构施工图的重点是表达承重构件的布置和形状。按材料不同建筑结构可分为：砌体结构、钢筋混凝土结构、钢结构和木结构等，其中最主要和应用最普遍的是钢筋混凝土结构。钢筋混凝土结构，除能承受拉力外，与钢结构、木结构相比，其防腐、防蚀、防火的性能好，且经济耐久，便于养护。

在房屋建筑结构中，结构的作用是承受重力和传递荷载，一般情况下，外力作用在楼板上，由楼板将荷载传递给墙或梁，由梁传给柱或墙，再由柱或墙传递给基础，最后由基础传递给地基。

10.1.2 结构施工图的用途

结构施工图是根据建筑要求，经过结构选型和构件布置并进行力学计算，确定每个承重构件（基础、承重墙、柱、梁、板、屋架、屋面板等）的布置、形状、大小、数量、类型、材料及内部构造等，把这些承重构件的位置、大小、形状、连接方式绘制成图纸，用来指导施工，这样的图纸称为结构施工图，简称"结施"。

结构施工图是施工定位，施工放样，基槽开挖，支模板，绑扎钢筋，设置预埋件，浇注混凝土，安装梁、柱、板等构件，编制预算，备料和编制施工进度计划的重要依据。

特别提示

结构施工图必须和建筑施工图密切配合，它们之间不能产生矛盾。

10.1.3 结构施工图的组成

1. 结构设计说明

结构设计说明是带有全局性的说明,包括新建建筑的结构类型、耐久年限、地震设防烈度、防火要求、地基状况,钢筋混凝土各种构件、砖砌体、施工缝等部分选用材料类型、规格、强度等级,施工注意事项,选用的标准图集,新结构与新工艺及特殊部位的施工顺序、方法及质量验收标准等。

特别提示

根据工程的复杂程度,结构说明的内容有多有少,一般设计单位将内容详列在一张"结构设计说明"图纸上。当工程比较简单时,不必单独列在一张图纸上。

2. 结构平面布置图

结构平面布置图是表达结构构件总体平面布置的图纸,包括基础平面图(工业建筑还包括设备基础布置图),楼层结构平面布置图(工业建筑还包括柱网、吊车梁、柱间支撑、连系梁布置图等),屋顶结构平面布置图(工业建筑还包括屋面板、天沟板、屋架、天窗架及支撑布置等)。

3. 构件详图

构件详图是局部性的图纸,表达构件的形状、大小、所用材料的强度等级和制作安装等,包括基础断面详图,梁、板、柱等构件详图,楼梯结构详图,屋架结构详图,其他构件详图。

特别提示

基础断面详图应尽可能与基础平面图布置在同一张图纸上,以便对照施工,读图方便。

10.1.4 常用结构构件代号

房屋结构中的承重构件往往种类多、数量多,而且布置复杂,为了图面清晰,把不同的构件表达清楚,也为了便于施工,在结构施工图中,结构构件的位置一般用其代号表示,每个构件都应有代号。《建筑结构制图标准》(GB/T 50105—2010)中规定这些代号用构件名称汉语拼音的第一个大写字母表示。要识读结构施工图,必须熟悉各类构件代号,常用构件代号见表 10-1。

表 10-1 常用构件代号

序号	名称	代号	序号	名称	代号	序号	名称	代号
1	板	B	19	圈梁	QL	37	承台	CT
2	屋面板	WB	20	过梁	GL	38	设备基础	SJ
3	空心板	KB	21	连系梁	LL	39	桩	ZH
4	槽形板	CB	22	基础梁	JL	40	挡土墙	DQ
5	折板	ZB	23	楼梯梁	TL	41	地沟	DG
6	密肋板	MB	24	框架梁	KL	42	柱间支撑	ZC
7	楼梯板	TB	25	框支梁	KZL	43	垂直支撑	CC
8	盖板或沟盖板	GB	26	屋面框架梁	WKL	44	水平支撑	SC
9	挡雨板或檐口板	YB	27	檩条	LT	45	梯	T
10	吊车安全走道板	DB	28	屋架	WJ	46	雨篷	YP
11	墙板	QB	29	托架	TJ	47	阳台	YT
12	天沟板	TGB	30	天窗架	CJ	48	梁垫	LD
13	梁	L	31	框架	KJ	49	预埋件	M
14	屋面梁	WL	32	刚架	GJ	50	天窗端壁	TD
15	吊车梁	DL	33	支架	ZJ	51	钢筋网	W
16	单轨吊车梁	DDL	34	柱	Z	52	钢筋骨架	G
17	轨道连接	DGL	35	框架柱	KZ	53	基础	J
18	车挡	CD	36	构造柱	GZ	54	暗柱	AZ

注：(1) 预制混凝土构件、现浇混凝土构件、钢构件和木构件，一般可采用本表中的构件代号。在绘图中除混凝土构件可以不注明材料代号外，其他材料的构件可在构件代号前加注材料代号，并在图纸中加以说明。

(2) 预应力混凝土构件的代号，应在构件代号前加注"Y"，如 Y-DL 表示预应力混凝土吊车梁。

10.1.5 结构施工图图线的选用

《建筑结构制图标准》(GB/T 50105—2010) 中规定，建筑结构制图图线按表 10-2 选用。

第10章 结构施工图

表10-2 结构施工图图线的选用

名称		线型	线宽	一般用途
实线	粗	———————	b	螺栓、钢筋线、结构平面图中的单线结构构件线、钢木支撑及系杆线，图名下横线、剖切线
	中粗	———————	0.7b	结构平面图及详图中剖到或可见的墙身轮廓线、基础轮廓线及钢、木结构轮廓线、钢筋线
	中	———————	0.5b	结构平面图及详图中剖到或可见的墙身轮廓线、基础轮廓线、可见的钢筋混凝土构件轮廓线、钢筋线
	细	———————	0.25b	标注引出线、标高符号线、索引符号线、尺寸线
虚线	粗	— — — — —	b	不可见的钢筋线、螺栓线、结构平面图中不可见的单线结构构件线及钢、木支撑线
	中粗	- - - - - -	0.7b	结构平面图中的不可见构件、墙身轮廓线及不可见钢、木结构构件线、不可见的钢筋线
	中	- - - - - - -	0.5b	结构平面图中的不可见构件、墙身轮廓线及不可见钢、木结构构件线、不可见的钢筋线
	细	- - - - - - -	0.25b	基础平面图中的管沟轮廓线、不可见的钢筋混凝土构件轮廓线
单点长画线	粗	—·—·—·—	b	柱间支撑、垂直支撑、设备基础轴线图中的中心线
	细	—·—·—·—	0.25b	定位轴线、对称线、中心线、重心线
双点长画线	粗	—··—··—	b	预应力钢筋线
	细	—··—··—	0.25b	原有结构轮廓线
折断线		~~~/\~~~	0.25b	断开界线
波浪线		～～～～	0.25b	断开界线

 特别提示

在同一张图纸中，相同比例的各图样，应选用相同的线宽组。

10.1.6　结构施工图比例

结构施工图比例的选用如表 10-3 所示。

表 10-3　结构施工图比例的选用

图　　名	常用比例	可用比例
结构平面图、基础平面图	1∶50，1∶100，1∶150	1∶60，1∶200
圈梁平面图、管沟、地下设施等	1∶200，1∶500	1∶300
详图	1∶10，1∶20，1∶50	1∶5，1∶25，1∶30

 特别提示

当构件的纵、横向断面尺寸相差悬殊时，可在同一详图中的纵、横向选用不同的比例绘制。轴线尺寸与构件尺寸也可选用不同的比例绘制。

10.1.7　钢筋混凝土知识简介

混凝土由水、水泥、砂、石子4种材料按一定的配合比拌和，并经一定时间的养护硬化而成的建筑材料。硬化后其性能和石头相似，也称为人造石。混凝土具有体积大、自重大、导热系数大、耐久性好、耐水、耐火、耐腐蚀、造价低廉、可塑性好、抗压强度大等特点，可制成不同形状的建筑构件，是目前建筑材料中使用最广泛的建筑材料。混凝土抗压能力强，抗拉能力弱，当其作为受拉构件时，在受拉区域会出现裂缝，导致构件断裂，如图 10.1（a）所示。为了解决这个问题，充分利用混凝土的抗压能力，在混凝土的受拉区域配置一定数量的钢筋，使钢筋承受拉力，混凝土承受压力，共同发挥作用，这就是钢筋混凝土，如图 10.1（b）所示。根据混凝土的抗压强度，混凝土的强度等级分为 C15、C20、C25、C30、C35、C40、C45、C50、C55、C60、C65、C70、C75、C80 共 14 个等级，数字越大，表示混凝土抗压强度越高。在结构施工中，主要承重构件常用普通混凝土，标号为 C25、C30、C40，次要构件和垫层混凝土可选用低标号混凝土，特殊构件中采用高标号混凝土。

钢筋混凝土的制作有现浇和预制两种：①工程现场在构件所在位置直接浇注而成的构件，称为现浇钢筋混凝土构件；②在施工现场以外的工厂预先制作好，然后运输到施工现场吊装而成，称为预制钢筋混凝土构件。

1. 钢筋的作用与分类

配置在钢筋混凝土构件中的钢筋，按其所起的作用可分为以下几类。

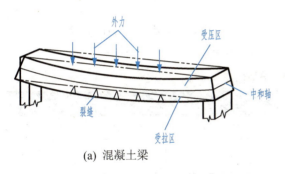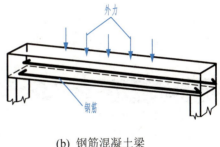

(a) 混凝土梁 (b) 钢筋混凝土梁

图 10.1　混凝土梁与钢筋混凝土梁受力对比图

（1）受力筋。受力筋是承受拉力或压力的钢筋，在梁、板、柱等各种钢筋混凝土构件中都有配置，钢筋的直径和根数根据构件受力大小而计算确定。受力筋按形状分为直筋和弯筋，按所承受的力分为正筋（拉力）和负筋（压力）。

（2）架立筋。架立筋一般只在梁截面中部中使用，与受力筋、箍筋一起形成钢筋骨架，用以固定箍筋位置。

（3）箍筋。箍筋一般多用于梁和柱内，用以固定受力筋位置，并承受剪力，一般沿构件的横向或纵向每隔一定的距离均匀布置。

（4）分布筋。分布筋一般用于板内，与受力筋垂直，用以固定受力筋的位置，与受力筋一起构成钢筋网，使力均匀地传递给受力筋，并抵抗热胀冷缩所引起的温度变形。

（5）构造筋。构造筋是因构件在构造上的要求或施工安装需要而配置的钢筋。在支座处板的顶部所加的构造筋，属于前者；两端的吊环则属于后者。

各种钢筋的形式如图 10.2 所示。

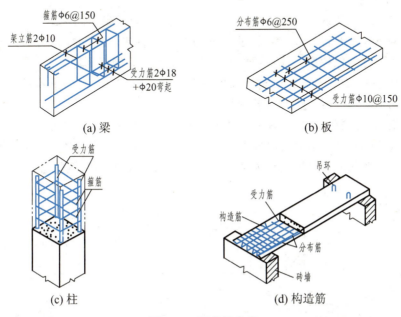

图 10.2　钢筋的分类

2. 钢筋的图示方法

在结构施工图中，为了标注钢筋的位置、形状、数量，《建筑结构制图标准》(GB/T 50105—2010)中规定了普通钢筋的一般表示方法，见表 10-4。

表 10-4　普通钢筋

序号	名称	图例	说明
1	钢筋横断面	●	—
2	无弯钩的钢筋端部		上图表示长、短钢筋投影重叠时，短钢筋的端部用45°斜线表示
3	带半圆形弯钩的钢筋端部		—
4	带直钩的钢筋端部		—
5	带丝扣的钢筋端部		—
6	无弯钩的钢筋搭接		—
7	带半圆弯钩的钢筋搭接		—
8	带直钩的钢筋搭接		—
9	花篮螺纹钢筋接头		—
10	机械连接的钢筋接头		用文字说明机械连接的方式（如冷挤压或锥螺纹等）

3. 保护层和弯钩

为了保护钢筋，防锈蚀、防火和防腐蚀，加强钢筋与混凝土的黏结力，所以规定钢筋混凝土构件的钢筋不允许外露。在钢筋的外边缘与构件表面之间应留有一定厚度的混凝土，这层混凝土称为保护层，保护层的厚度因构件类别不同而不同，《混凝土结构设计规范》(GB 50010—2010)规定梁、柱的保护层最小厚度为 25 mm，板和墙的保护层厚度为 15 mm，基础中的保护层厚度不小于 40 mm。

为了使钢筋和混凝土具有良好的粘结力，绑扎骨架中的钢筋，应在光圆钢筋两端做成半圆弯钩或直弯钩；带纹钢筋与混凝土的粘结力强，两端可不做弯钩。箍筋两端在交接处也要做出弯钩。弯钩的常见形式和画法如图 10.3 所示，图中 d 为钢筋的直径。

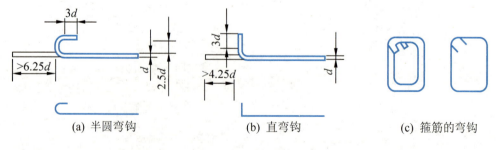

图 10.3　钢筋的弯钩

4. 常用钢筋的符号和分类

热轧钢筋是建筑工程中用量最大的钢筋，主要用于钢筋混凝土和预应力混凝土配筋。钢筋有光圆钢筋和带肋钢筋之分，热轧光圆钢筋的牌号为 HPB300；常用带肋钢筋的牌号有 HRB335、HRB400 和 RRB400 三种，其强度、代号、规格范围见表 10-5。对于预应力构件中常用的钢绞线、钢丝等可查阅有关资料，此处不再细述。

表 10-5 常用钢筋的强度、代号及规格

种 类	符 号	d/mm	$f_{yk}/(N \cdot mm^{-2})$
热轧钢筋	HPB300	φ	6～22	300
	HRB335	⌽	6～50	335
	HRB400	⌽	6～50	400
	RRB400	⌽^{R}	6～50	400

注：f_{yk} 为普通钢筋、预应力钢筋强度标准值。

5. 钢筋的画法

《建筑结构制图标准》(GB/T 50105—2010) 中规定了钢筋的画法，见表 10-6。

表 10-6 钢筋的画法

序 号	说 明	图 例
1	在结构楼板中配置双层钢筋时，底层钢筋的弯钩应向上或向左，顶层钢筋的弯钩则向下或向右	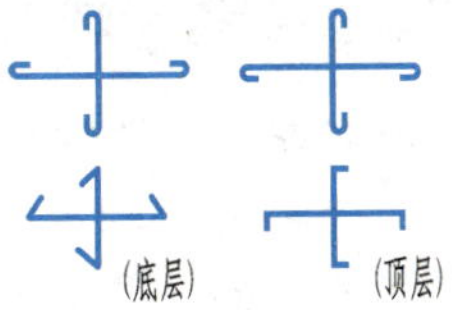 (底层) (顶层)
2	钢筋混凝土墙体配双层钢筋时，在配筋立面图中，远面钢筋的弯钩应向上或向左，而近面钢筋的弯钩向下或向右（JM 近面，YM 远面）	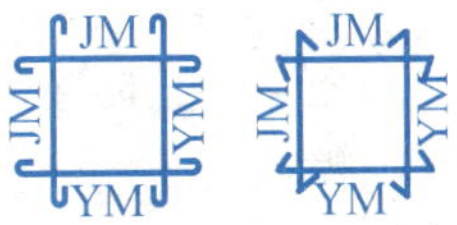
3	若在断面图中不能表达清楚的钢筋布置，应在断面图外增加钢筋大样图（如钢筋混凝土墙、楼梯等）	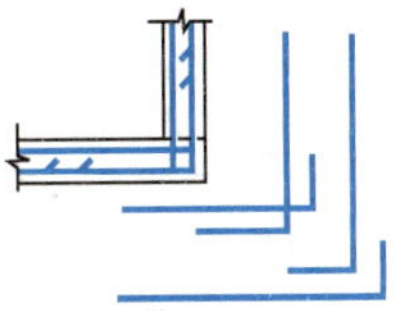
4	图中所表示的箍筋、环筋等若布置复杂时，可加画钢筋大样及说明	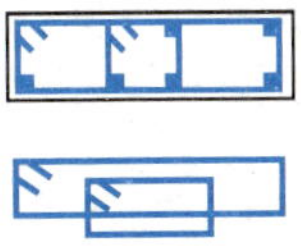
5	每组相同的钢筋、箍筋或环筋，可用一根粗实线表示，同时用一两端带斜短划线的横穿细线，表示其钢筋及起止范围	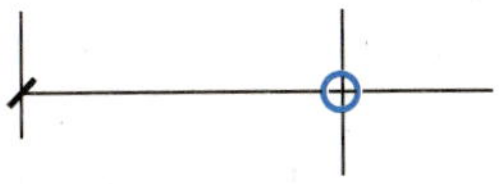

10.1.8 结构施工图的识读

识读结构施工图也是一个由浅入深、由粗到细的渐进过程。在阅读结构施工图前,必须先阅读建筑施工图,由此建立起立体感,并且在识读结构施工图期间,先看文字说明后看图纸;按图纸顺序先粗略地翻看一遍,再详细地看每一张图纸。在识读结构施工图期间,还应反复查核结构与建筑对同一部位的表示,这样才能准确地理解结构图中所表示的内容。虽然每个人的侧重点不同,但应避免"只见树木不见森林",要学会总览全局,这样才能使自己不断进步。

10.2 基础结构平面图

10.2.1 基本知识

基础就是建筑物地面±0.000(除地下室)以下承受建筑物全部荷载的构件。基础以下部分称为地基,基础把建筑物上部的全部荷载均匀地传给地基。基础的组成如图10.4所示。基坑是为基础施工开挖的土坑;基底是基础的底面;基坑边线是进行基础开挖前测量放线的基线;垫层是把基础传来的荷载均匀地传给地基的结合层;大放脚是把上部荷载分散传给垫层的基础扩大部分,目的是使地基上单位面积所承受的压力减小;基础墙为±0.000以下的墙;防潮层是为了防止地下水对墙体的侵蚀,在地面稍低(约-0.060 m)处设置的一层能防水的建筑材料;从室外设计地面到基础底面的高度称为基础的埋置深度。

条形基础与筏形基础

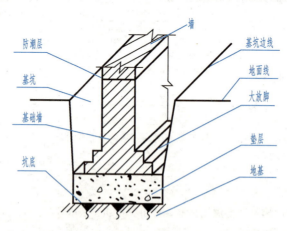

图 10.4 基础的组成

基础的形式很多,通常有条形基础、独立基础、筏板基础、箱形基础等,如图10.5所示。条形基础一般用于砖混结构中;独立基础、筏板基础和箱形基础一般用于钢筋混凝土结构中。基础按材料不同可分为砖石基础、混凝土基础、毛石基础、钢筋混凝土基础。

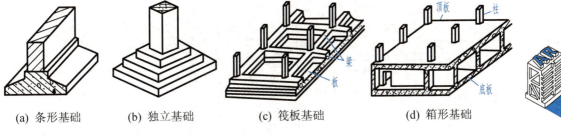

(a) 条形基础　　(b) 独立基础　　(c) 筏板基础　　(d) 箱形基础

图 10.5　基础的形式

10.2.2　基础结构平面图的组成

基础结构平面图主要表示基础、地沟等的平面布置和做法。一般由基础平面图和基础详图组成。

10.2.3　基础平面图的形成和作用

基础平面图是假想用一个水平剖切平面，沿房屋底层室内地面把整栋房屋剖切开，移去剖切平面以上的房屋和基础回填土后，向下做正投影所得到的水平投影图。

基础平面图主要表示基础的平面布置以及墙、柱与轴线的关系，为施工放线、开挖基槽或基坑和砌筑基础提供依据。

10.2.4　基础平面图的主要内容

(1) 基础平面图如图 10.6 所示，一般包括以下几个方面的内容。

① 图名、比例、定位轴线及编号。

特别提示

基础平面图与建筑施工图的比例、轴线位置、编号要保持一致。

② 基础墙、柱、基础底面的大小、形状及与轴线的关系；基础、基础梁及其编号、柱号，如图 10.6 中标注"350""350"，说明基础底宽为 700 mm，基础沿轴线对称。

③ ±0.000 以下的预留孔洞的位置、尺寸、标高。

④ 有不同断面图时要有剖切位置线和编号。

⑤ 轴线编号、尺寸标注。

⑥ 附注说明：基础埋置在地基中的位置，基底处理措施，地基的承载能力，对施工的有关要求。基础平面图附注如图 10.7 所示。

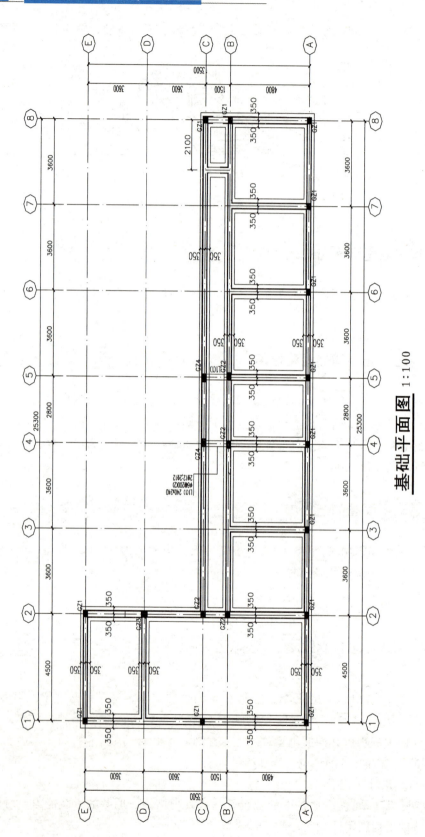

图 10.6 基础平面图

(2) 基础平面图的图示方法，如图 10.6 所示。

① 基础平面图中的比例、定位轴线的编号、轴线尺寸与建筑平面图保持一致。

② 在基础平面图中，用粗实线画出剖切到的基础墙、柱等的轮廓线，用细实线画出投影可见的基础底边线，其他细部如大放脚、垫层的轮廓线均省略不画。

③ 基础平面图中，凡基础的宽度、墙的厚度、大放脚的形式、基础底面标高、基础底尺寸不同时，要在不同处标出断面符号，表示详图的剖切位置和编号。

④ 基础平面图的外部尺寸一般只标注两道，即开间、进深等轴线间的尺寸和首尾轴线间的总尺寸。

⑤ 在基础平面图中用虚线表示地沟或孔洞的位置，并注明大小及洞底标高。

附注：
1. 本基础根据某勘察有限公司于 2012 年提供的《某工作站岩土工程勘察报告（详勘阶段）》进行设计。
2. 本工程基础持力层为第（2）层卵石层，承载力特征值为 $f_{ak}=250\text{kPa}$。
3. 材料：基础混凝土 C20。
4. 未注明墙下条基见 TJ-1。
5. 钢筋保护层：±0.000 以下构造柱、圈梁为 40 mm。
6. 基槽（坑）开挖后，由业主组织勘察、设计、施工等单位验槽后，方可进行下一步施工。
7. 在上部结构施工前，必须完成填方工程；回填前须将杂填土或耕植土清除，施工时严格按照国家有关规范施工，压实系数不小于 0.95。
8. 施工中需注意的问题详见总说明。

图 10.7　基础平面图附注

10.2.5　基础平面图的识读

（1）了解图名、比例。

（2）结合建筑平面图，了解基础平面图的定位轴线，了解基础与定位轴线间的平面布置、相互关系及轴线间的尺寸。明确墙体与轴线的关系，是对称轴线还是偏轴线；若是偏轴线，要注意哪边宽，哪边窄，尺寸多大。

（3）了解基础、墙、垫层、基础梁等的平面布置、形状尺寸等。

（4）了解剖切编号、位置，了解基础的种类，基础的平面尺寸。

（5）通过文字说明，了解基础的用料、施工注意事项等内容。

（6）与其他图纸相配合，了解各构件之间的尺寸、关系，了解洞口的尺寸、形状及洞口上方的过梁情况。

10.2.6　基础平面图的画法

基础平面图的画法步骤如下。

（1）画出与建筑平面图相一致的轴线网。

（2）画出基础墙、柱、基础梁及基础底部的边线。

（3）画出其他的细部结构。

(4) 在不同断面图位置标出断面剖切符号。
(5) 标出轴线间的尺寸、总尺寸、其他尺寸。
(6) 写出文字说明。

10.2.7 基础详图

基础平面图只表明基础的平面布置，而基础各部分的具体构造的形状、尺寸没有表达出来，于是需要画出详图表达基础的形状、尺寸、材料和构造，这就是基础详图。

1. 基础详图的形成

基础详图实质上是基础的断面图放大图。在基础某一处用一个假想的侧平面或正平面，沿垂直于轴线的方向把基础剖切开所得到的断面图称为基础详图，如图 10.8 所示。

特别提示

基础详图以移出断面图表达方法绘制。基础的断面形状、尺寸与它所承受的荷载和地基所承受的荷载有关，同一个建筑，因为不同地方所承受的荷载不同，就要有不同的基础，不同的基础都要画出它们的断面图。

2. 基础详图的主要内容

（1）图名、比例。基础断面图一般用较大的比例（1∶20）绘制，以便详细表示出基础断面的形状、尺寸及与轴线的关系。如图 10.8 所示垫层厚度为 300 mm，轴线居中。

（2）基础断面图中的轴线及编号，表明轴线与基础各部位的相对位置，标注出基础墙、大放脚、基础圈梁与轴线的关系，图 10.6 基础平面图中的基础断面图如图 10.8 所示。

（3）基础断面形状、材料、大小、配筋，从下至上分别为垫层、基础、基础圈梁、墙体。

（4）在基础断面图中要表明防潮层的位置和做法，有时用钢筋混凝土圈梁做防潮层，有时也采用防水砂浆做防潮层。图 10.8 中是钢筋混凝土圈梁做防潮层。圈梁的尺寸是 240 mm×240 mm，4 根直径为 12 mm 的纵向钢筋，直径为 6 mm，间距为 250 mm 的箍筋布置。

（5）基础断面的详细尺寸和室内外地面、基础底标高。基础详图的尺寸用来表示基础底的宽度及与轴线的关系，也反映基础的深度和大放脚的尺寸。

（6）表明施工要求及说明。包括防潮层的做法及孔洞穿基础墙的要求等。

从图 10.9 中可以看出，该基础是独立基础，底面尺寸是 1800 mm×1800 mm 的正方形，垫层的两侧宽为 100 mm，厚度为 100 mm，垫层为 C10 素混凝土，受力筋直径为 12 mm 的一级钢筋，间距为 170 mm，柱子配筋为 4 根直径为 16 mm 的一级钢筋，并且插入基础底部。

第10章 结构施工图

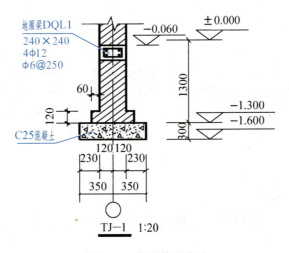

图 10.8　条形基础详图

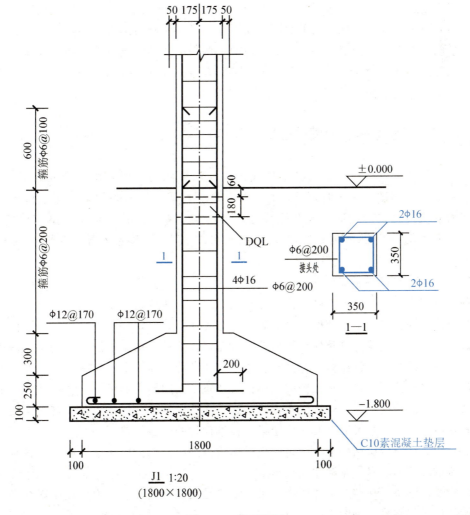

图 10.9　基础详图

特别提示

绘图时为了节约图幅和时间,有时将两个或两个以上类似的图形用一个图来表示。读图时要注意带括号的图名对应带括号的数字,不带括号的图名对应不带括号的数字。若某处有没带括号的数字,则这个数字对每个图都适用。

10.3 楼层、屋面结构平面图

前面介绍过结构平面图包括基础平面图、楼层结构平面图、屋顶结构平面图。基础平面图已经介绍过,因为楼层结构平面图与屋面结构平面图的表达方法完全相同,这里以楼层结构平面图为例说明楼层结构平面图与屋面结构平面图的阅读方法。楼层和屋面一般采用钢筋混凝土结构,钢筋混凝土结构按照施工方法一般分为预制装配式和现浇整体式两类。

10.3.1 楼层结构平面图的形成和作用

用一个假想的剖切平面,从各层楼板层中间水平剖切开楼板层得到的水平剖面图,称为楼层结构平面图,表示各层梁、板、柱、墙、过梁和圈梁等的平面布置情况,以及现浇楼板、梁的构造与配筋情况及构件之间的结构关系。结构平面图为施工中安装梁、板、柱等各种构件提供依据,同时为现浇构件支模板、绑扎钢筋、浇筑混凝土提供依据。

1. 预制装配式楼层结构平面图

预制装配式楼层结构平面图由许多预制构件组成,然后在施工现场安装就位,组成楼盖。这种楼盖的优点是施工速度快,节省劳动力和建筑材料,并且造价低,便于机械化生产和机械化施工。其缺点是整体性不如现浇楼盖好。这种结构施工图主要表示支撑楼盖的墙、梁、柱等结构构件的位置,标注时直接标注在结构平面图中,如图 10.10 所示。

(1) 图名、比例。结构平面图的比例要与建筑平面图的比例保持一致,便于读图。

(2) 轴线。结构平面图的轴线布置与建筑平面图一致,并标注出与建筑平面图一致的编号和轴线间尺寸、总尺寸,便于确定梁、板等构件的安装位置。

(3) 墙、柱。楼层结构平面图是用正投影法得到的,因为楼板压着墙,墙在楼板下不可见,所以被压的墙身的轮廓线画成虚线。

(4) 梁、梁垫。在结构平面图中,梁、梁垫是用粗单点长画线表示或粗虚线表示,并标上梁的代号和编号,如图 10.10 所示。

(5) 预制楼板。对于预制楼板,用粗实线表示楼层平面轮廓,用细实线表示预制板的

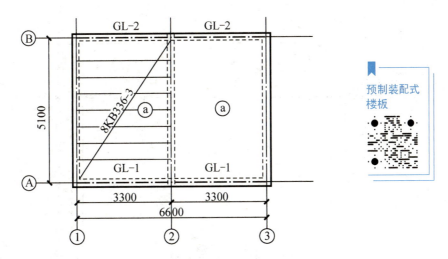

图 10.10 预制装配式楼层结构平面图

铺设,在每一个开间,按实际投影分块画出楼板,并注明数量及型号,或者在每一个开间,画一条对角线,并沿着对角线方向注明预制板数量及型号。对于预制板的铺设方式相同的单元,用相同的编号如甲、乙或 A、B 等表示,而不一一画出每个单元楼板的布置,如图 10.10、图 10.11 所示。楼梯间一般都是现浇板,其结构布置在结构平面图中不表示,用双对角线表示楼梯间,这部分内容在楼梯详图中表示,并在结构平面图中用文字标明。当楼层结构平面图完全对称时,可以只画一半,中间用对称符号表示。

预制楼板多采用标准图集,因此在楼层结构平面图中标明了楼板的数量、代号、跨度、宽度和荷载等级,板的意义如下。

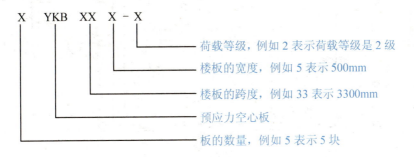

如图 10.11 中,2YKB3661 表示 2 块预应力空心板,板的跨度为 3600 mm,板的宽度为 600 mm,荷载等级为 1 级。

(6) 过梁。在门窗洞口上为了支撑洞口上墙体的重量,并把它传递给两旁的墙体,在洞口上面沿墙设置一道梁,称为过梁。在结构施工图中要标出过梁的代号,如图 10.10 中的 GL-1 和 GL-2 所示。

(7) 圈梁。为提高建筑物的抗风、抗震、抗温度变化和整体稳定性的能力,防止地基的不均匀沉降,常在基础的顶面、门窗洞口顶部等部位设置连续而封闭的水平梁,称为圈梁,在基础顶面的圈梁称为基础圈梁,此时它也充当了防潮层,设在门窗洞口顶部代替过梁。在结构平面图中要标出圈梁的代号。

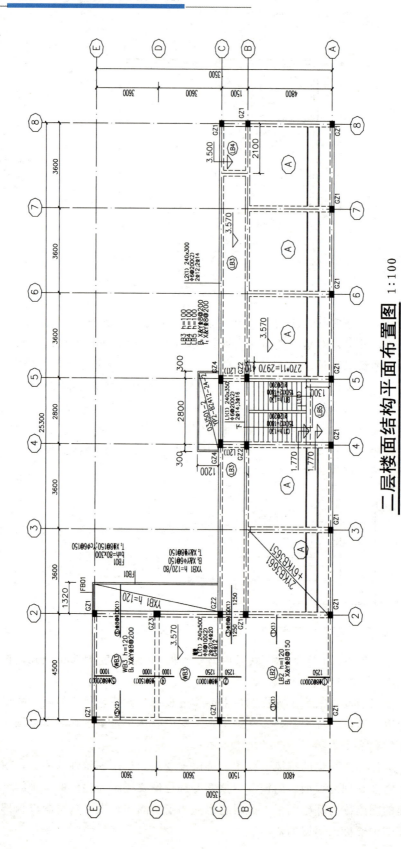

图 10.11 二层楼面结构平面布置图

2. 现浇整体式楼层结构平面图

现浇整体式楼盖由板、主梁、次梁构成，经过绑扎钢筋，支模板，将三者整体现浇在一起，如图 10.12 所示。整体式楼盖的优点是整体性好，抗震性好，适应性强；缺点是模板用量大，现场浇注工作量大，工期较长，造价较高。

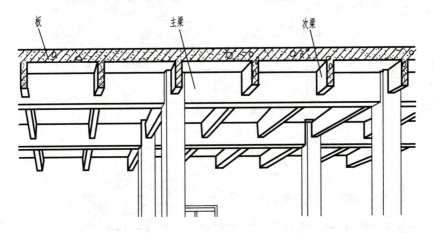

图 10.12 整体式钢筋混凝土楼盖

整体式楼盖结构平面图（图 10.13）的内容如下。

（1）用重合断面法表达楼盖的形状、厚度和梁的布置情况。

（2）钢筋的布置情况、形状及编号，每一种都有编号。钢筋弯钩向上、向左为底部配筋，弯钩向右、向下为顶部钢筋。例如，①号钢筋 φ10@150 表示直径为 10 mm 的Ⅰ级钢筋，间隔 150 mm 均匀布置为底部配筋。③号、④号钢筋 φ10@200 表示直径为 10 mm 的Ⅰ级钢筋，间隔 200 mm 均匀布置为顶部配筋，如图 10.13（b）剖面图所示位置。为了突出钢筋的位置和规格，钢筋用粗实线表示。

（3）与建筑平面图相一致的轴线编号、轴线间的尺寸和总尺寸。

特别提示

配筋相同楼盖，只需画其中一块板的配筋图，其余的可在该板范围内画一个对角线，注明相同板的代号。

10.3.2 楼层结构平面图的阅读

楼层结构平面图的阅读要求有如下几个方面。

（1）了解图名与比例。楼层结构平面图与建筑平面图、基础平面图的比例要一致。

（2）了解结构的类型，了解主要构件的平面位置与标高，并与建筑平面图结合，了解各构件的位置和标高的对应情况。因为设计时，结构的布置必须满足建筑上使用功能的要求，所以结构布置图与建筑施工图存在对应的关系，如墙上有洞口时就设有过梁，对于非

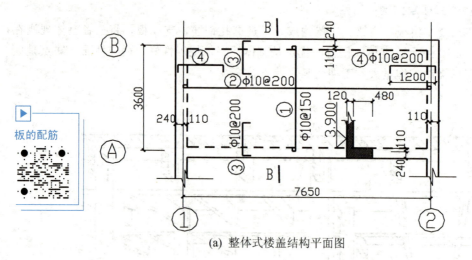

(a) 整体式楼盖结构平面图

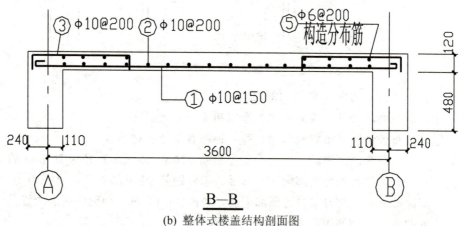

(b) 整体式楼盖结构剖面图

图 10.13 整体式楼盖结构平面图及剖面图

砌体结构，建筑上有墙的部位墙下就设有梁。

（3）对应建筑平面图与楼层结构平面图的轴线相对照。

（4）了解各个部位的标高，结构标高与建筑标高相对应，了解装修厚度（建筑标高－结构标高＝装饰层厚度）。

（5）若是现浇板，了解钢筋的配置情况及板的厚度。

（6）若是预制板，了解预制板的规格、数量和布置情况。

10.3.3 钢筋混凝土构件详图

钢筋混凝土构件是由混凝土和钢筋两种材料浇注而成，钢筋混凝土构件详图是加工制作钢筋、浇注混凝土的依据，一般包括模板图、配筋图、预埋件详图、钢筋表、文字说明。

1. 模板图

模板图表示构件的外表形状、大小、预埋件的位置等。外形比较简单的构件一般不单独绘制模板图,只需在配筋图中把构件的尺寸标注清楚即可,当构件比较复杂或有预埋件时才画模板图,模板图的外轮廓线用细实线绘制。

2. 配筋图

(1) 图示内容和方法

配筋图包括立面图和断面图,主要表示构件内部的钢筋配置情况,它详尽地表达出所配置钢筋的级别、直径、形状、尺寸、数量及摆放位置。画图时,把混凝土构件看成是透明体,构件的外轮廓线用细实线,在立面图上用粗实线表示钢筋,在断面图中用黑圆点表示钢筋的断面,箍筋用粗实线。配筋图是钢筋下料、绑扎的重要依据。在一个构件中,各种钢筋都用符号表示其种类,并注明钢筋的根数、直径、级别等,如图 10.14 所示。

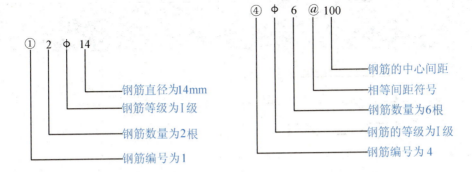

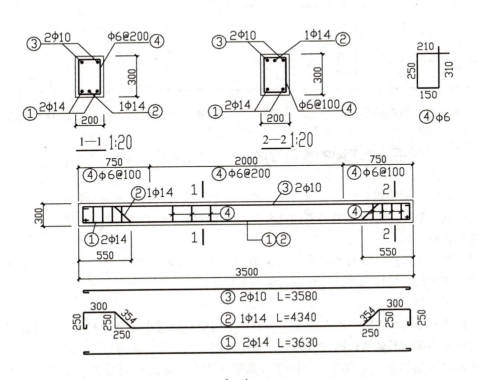

图 10.14 钢筋混凝土梁详图

(2) 钢筋编号

构件中所配置钢筋的一般规格、级别、尺寸、大小都不相同,为了有所区别,不同钢筋采用不同的编号来表示。编号应用阿拉伯数字按顺序编写并将数字写在圆圈内,圆圈直径为5~6mm,用细实线绘制,并用引出线指向被编号的钢筋。同时,在引出线的水平线段上,标注出所指钢筋的根数、级别、直径。对于箍筋,可以不标注根数,在等间距符号@后标出间距大小,具体表示方法如下。

3. 钢筋表

在钢筋混凝土构件详图中,除绘制模板图、配筋图外,还需要配有一个钢筋用量表,在预算和工程备料中使用,如表10-7所示。

表10-7 钢筋用量表

钢筋编号	直径/mm	简 图	长度/mm	根数	总长/m	总重/kg	备注
1	14		3630	2	7.260	7.41	
2	14		4340	1	4.340	4.45	
3	10		3580	2	7.100	4.31	
4	6	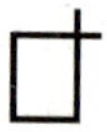	920	18	1.650	2.60	

在表中需标明钢筋编号、直径、钢筋简图、钢筋长度、根数、总长度、总重量等。

10.3.4 梁平法施工图的表示方法

梁平法施工图是用平面注写方式或截面注写方式来表达的梁平面布置图。

梁平面布置图应分别按梁的不同结构层(标准层),将全部梁和相关联的墙、板一起采用适当比例绘制。

梁平法施工图中,注明各结构层的顶面标高及相应的结构层号。对于轴线未居中的梁,应标注其偏心定位尺寸(贴柱边的梁可不标注)。

1. 平面注写方式

平面注写方式是在梁平面布置图上分别在不同编号的梁中各选一根梁,通过在其上注写截面尺寸和配筋具体数值的方式来表达梁平法施工图。

平面注写包括集中标注与原位标注,集中标注表达梁的通用数值,原位标注表达梁的特殊数值。当集中标注中的某项数值不适合梁的某部位时,则将该项数值原位标注,如图10.15所示。

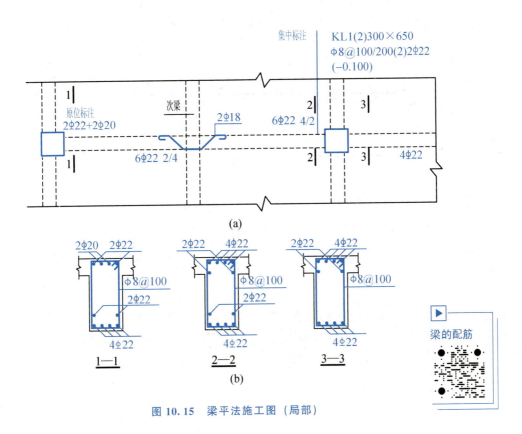

图 10.15 梁平法施工图（局部）

> 🏠 **特别提示**
>
> 施工时，原位标注取值优先。

图 10.15（a）为平面注写方式示例，图 10.15（b）为 3 个梁截面，是采用传统表示方法绘制的，用于对比按平面注写方式表达的同样内容。应说明的是，实际采用平面注写方式表达时，不需绘制截面配筋图和图 10.15（a）中的相应断面剖切符号。

在图 10.15（a）中，中粗虚线表示梁和墙的不可见轮廓线。集中标注中 KL1（2）300×650 表明该梁为楼层框架梁，序号为 1，两跨，梁的截面尺寸为 300 mm×650 mm；ϕ8@100/200（2）2ϕ22 表明梁箍筋为 HPB300 钢筋，直径 8 mm，加密区间距为 100 mm，非加密区间距为 200 mm，均为两肢箍，梁上部的贯通筋为 2 根直径为 22 mm 的 HRB335 钢筋；（−0.100）表示梁顶面相对于楼面标高的高差，该项为选注值。有高差时，须将其写入括号内，无高差时不用标注。1—1 断面处，梁上部筋 2ϕ22+2ϕ20 表明该处配有两根直径为 22 mm 的 HRB335 钢筋和两根直径为 20 mm 的 HRB335 钢筋，梁下部注写的 6ϕ22 2/4 表明该处配有 6 根直径为 22 mm 的 HRB335 钢筋，且双排布置，上面 2 根，下面 4 根；2—2 断面处，梁下部筋没有变化，梁上部筋为 6ϕ22 4/2，表明该处配有 6 根直径为 22 mm 的 HRB335 钢筋，且双排布置，上面 4 根，下面 2 根；3—3 断面处，梁上部筋没有变化，梁下部筋为 4ϕ22，表明单排布置 4 根 HRB335 钢筋，直径为 22 mm。另外，主、次梁交接处配有吊筋 2Φ18，吊筋的构造如图 10.16 所示，b 表示次梁梁宽。当主梁梁高不大于 800 时，弯起角取 45°；当梁高大于 800 时，则取 60°。

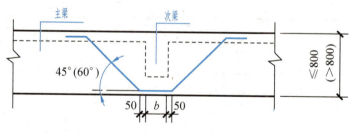

图 10.16　吊筋构造

由此可见，在平面注写方式中，梁集中标注的内容：梁编号、梁截面尺寸（断面宽×断面高用 $b×h$ 表示）、梁箍筋、梁上部通长筋或架立筋配置、梁侧面纵向构造钢筋或受扭钢筋配置，此 5 项为必注值，梁顶面标高差值为选注值。

2. 截面注写方式

截面注写方式是在分标准层绘制的平面布置图上，分别在不同编号的梁中各选择一根梁用剖面号引出的配筋图，并通过在其上注写截面尺寸和配筋具体数值的方式来表达梁平法施工图。截面注写方式既可以单独使用，也可与平面注写方式结合使用，如图 10.17 所示。

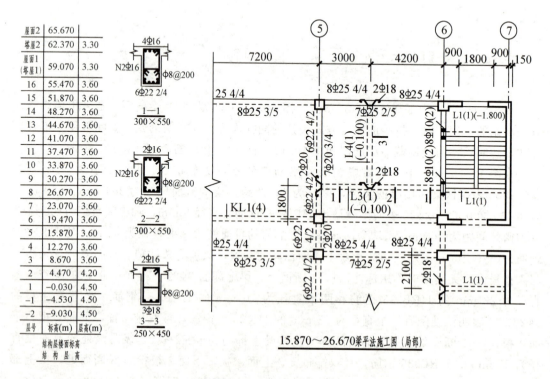

图 10.17　梁平法施工图

第10章 结构施工图

 **特别提示**

主次梁相交处的加密箍筋或附加吊筋直接画在平面图中的主梁上,用线引注总配筋值(附加箍筋的肢数注在括号内)。

10.3.5 平法制图与传统的图示方法的区别

平法制图与传统的图示方法相比较,有如下区别。

(1) 框架图中的梁,平法制图中只绘制梁平面图,不绘制梁中配置钢筋的立面图(梁不画断面图)。

(2) 传统框架图中不仅有梁平面图,同时也绘制梁中配置钢筋的立面图及其断面图;但是平法制图中的钢筋配置省略,而是去查阅《混凝土结构施工图平面整体表示方法制图规则和构造详图》。

(3) 传统的混凝土结构施工图,可以直接从其绘制的详图中读取钢筋配置尺寸,而平法制图则需要查找相应的详图——《混凝土结构施工图平面整体表示方法制图规则和构造详图》中的详图,而且钢筋的配置尺寸和大小尺寸均以"相关尺寸"(跨度、锚固长度、钢筋直径等)为变量函数来表达,而不是具体数字,借此来实现其标准图的通用性。概括地说,平法制图简化了混凝土结构施工图的内容。

(4) 平法制图中的突出特点表现在梁的集中标注和原位标注上。"集中尺寸、箍筋直径、箍筋间距、箍筋肢数、通常筋的直径和根数、梁侧面纵向构造钢筋或受扭钢筋的直径和根数等"。如果"集中标注"中有通长筋,则"原位标注"中的负筋数包含通长筋的数。

(5) 原位标注概括地说分为两种:①标注在柱子附近处且在梁上方,是承受负弯矩的箍筋直径和根数,其钢筋布置在梁的上部;②标注在梁中间且下方的钢筋,是承受正弯矩的,其钢筋布置在梁的下部。

(6) 在传统的混凝土结构施工图中计算斜截面的抗剪强度时,在梁中配置45°或60°的弯起钢筋。而在平法制图中,梁不配置这种弯起钢筋,其斜截面的抗剪强度由加密的箍筋来承受。

本章回顾

结构施工图是表达建筑物的结构形式及构件布置等的图纸,是建筑结构施工的依据。

结构施工图一般包括基础平面图、楼层结构平面图、构件详图等。基础平面图、结构平面图都是从整体上反映承重构件的平面布置情况,是结构施工图的基本图纸。构件详图表达了构件的形状、尺寸、配筋及与其他构件的关系。

基础施工图用来反映建筑物的基础形式、基础构件布置及构件详图的图纸。在识读基础施工图时，应重点了解基础的形式、布置位置、基础地面宽度、基础埋置深度等。

楼层结构平面图中，主要反映了墙、柱、梁、板等构件的型号、布置位置、现浇及预制板装配情况。

构件详图主要反映构件的形状、尺寸、配筋、预埋件设置等情况。

在识读结构施工图时，要与建筑施工图对照阅读，因为结构施工图是在建筑施工图的基础上设计的，与建筑施工图存在内在的联系。同时，应注意将有关图纸对照阅读。

想一想

1. 简述结构施工图的组成及其主要作用。
2. 常用构件的代号及其名称有哪些？
3. 钢筋的种类、级别代号有哪些？
4. 常用钢筋的图例及画法有哪些？
5. 基础平面图包括哪些内容？有何用途？
6. 楼层结构平面图包括哪些内容？有何作用？
7. 混凝土结构施工图平面整体表示方法的主要特点是什么？与传统的图示方法有什么区别？

参 考 文 献

本书编委会，2006. 建筑施工图识读与应用实例［M］. 北京：中国建材工业出版社.
卢传贤，2017. 土木工程制图［M］. 5版. 北京：中国建筑工业出版社.
牟明，2015. 建筑工程制图与识图［M］. 3版. 北京：清华大学出版社.
王强，张小平，2017. 建筑工程制图与识图［M］. 3版. 北京：机械工业出版社.
吴舒琛，2006. 建筑识图与构造［M］. 2版. 北京：高等教育出版社.
赵研，2014. 建筑识图与构造［M］. 3版. 北京：中国建筑工业出版社.

附 录　综合实训施工图及识图练习

为配合本书的学习，更好地掌握房屋工程施工图的相关知识，强化对房屋工程施工图的识读，本附录选取了某地农村住宅施工图，包括部分建筑施工图和结构施工图，作为本课程综合实训的参考资料，并配套该施工图识图练习，夯实房屋工程施工图的识读知识和技巧。由于房屋工程设计有很强的区域性，所以选用本书的学校也可根据当地区域的实际情况，选取综合实训的配套施工图。

 屋顶平面图
 一层平面图
 二层平面图
 1-1剖面图
 2-2剖面图
 顶层平面图

 南立面图
 西立面图
 北立面图

《建筑工程制图与识图》第三版

建筑设计总说明

一、设计依据

国家现行的有关住宅建筑设计的规范、标准，并酌情考虑农民自建住宅的施工条件、材料来源、经济实力等综合因素。

二、项目概况

1. 本示范图集包括农村住宅设计20项，每栋住宅的建筑面积150～250m²，均为二～三层低层住宅，属农民自建住宅。
2. 建筑结构形式为砌体结构，本图集以多孔黏土砖为承重砌体，各地可立足于就地取材，采用其他经过鉴定的新型墙体材料。
3. 合理使用年限50年。结构类别及抗震设防烈度详见结构说明。

三、设计标高

1. 各单项工程±0.000可在实施时根据场地现状酌情确定。
2. 各单项工程标高以米为单位，其他尺寸以毫米为单位。

四、墙体工程

1. 墙体的基础部分及承重砌体墙详见结施图。
2. 提供三种内隔墙，为各单项工程设计选用。
（1）加气混凝土砌块墙。
① 体积密度级别为B05、B06、B07级。
② 砌体厚度≥150厚，M5砂浆砌筑，门垛采用钢筋混凝土构造柱。
③ 穿越加气混凝土墙体的水管应防止渗水。
（2）增强水泥空心条板（GRC板）。
① 性能指标应符合国家有关行业标准。
② 内墙厚度≥90厚，可采用涂料粉刷及粘贴瓷砖。
③ 禁止同块墙板两面同时开槽。
（3）120厚多孔黏土砖墙。
（4）加气混凝土隔墙或CRC条板隔墙的根部，须用C15混凝土做100高翻边。
3. 墙身防潮层

砖砌花池紧靠建筑物一侧须设防潮层，做法为在外墙抹20厚1:2.5水泥砂浆内掺3%防水剂。
4. 墙体留洞详见建施各层平面图

五、屋面工程

1. 本农村住宅的屋面防水等级均为Ⅲ级，防水层合理使用年限为10年。
2. 屋面排水方式详见各单项工程设计屋顶平面图。平屋面排水坡2%，檐沟纵坡1%。雨水口、雨水斗、雨水管位置详见各单项工程设计。
3. 屋面分上人屋面和不上人屋面，有保温层屋面和无保温层屋面，其用料做法详(建筑专业统一工程用料做法)。设计选用详见单项工程设计。
4. 屋面设置太阳能集热板，本设计只明确位置，待产品厂家负责安装。

六、门窗工程

1. 抗风压性能：根据各地区基本风压计算确定等级。
2. 水密性：位于大风且多雨地区时，不应低于3级，一般环境不应低于2级。
3. 气密性：不应低于2级。

七、室内外装修

1. 装修用料做法均可在(统一工程用料做法)中选用，用户也可根据需要做适当改动。
2. 住宅外墙面装修在保证方案特点的前提下，宜优先考虑涂料饰面，也可做砂浆勾缝清水砖墙面和贴面砖墙面，具体可详见各单项工程设计。
3. 室内装修可详见各单项工程室内装修做法表。

八、油漆工程

1. 室外露明金属件的油漆为刷防锈漆一遍后再做与室外部位色彩相同的调和漆二遍。
2. 院落门及上屋面的门若采用钢板门可在(统一工程用料做法)中选用油漆颜色由各单项工程设计确定。
3. 其他如楼梯栏杆、扶手、女儿墙栏杆等油漆做法可由单项设计在(统一工程用料做法)中选用，并确定颜色。

九、其他

1. 厨房灶台、水池及卫生间洁具、成品隔断等由用户根据需要自行确定。
2. 住宅建筑构造详图可在（综建施5～7页）中选用，用户也可根据需要做适当改动。
3. 本农村住宅设计中的院落布置仅供参考，其地面铺砌、材料及植物栽植，由用户根据需要自行处理。
4. 本农村住宅属农民自建低层住宅，根据建设部143号令《民用建筑节能管理规定》第二十九条，本设计不考虑我省居住建筑节能标准的要求，但在(统一工程用料做法)中，均设计有节能构造的围护结构（外墙、屋面），用户可根据需要自行选用，同时可采用塑料窗框、双层玻璃的节能外窗。当本住宅设计用于村镇规划建设时，应根据我省有关节能标准对围护结构的节能构造予以调整，使其符合节能标准要求。

十、施工中应执行国家有关施工质量验收规范，以确保建筑工程质量。

×××建筑设计研究院	01	
	图别	综建施
建筑设计总说明	图号	1
	页次	1

建筑专业统一工程用料做法说明

本工程用料做法以国家现行有关规范为依据，参考工程建设标准设计《工程用料做法》编制。

一、采用材料

钢筋为Ⅰ级钢筋（3号钢）；水泥为普通硅酸盐水泥，其强度等级不低于32.5级。

二、地面

1. 地面混凝土的垫层应铺设在均匀密实的基土上，耕土和淤泥层必须挖除后用素土或灰土回填，分层夯实。

2. 地面、散水及台阶做法中均未考虑湿陷性黄土地基的处理，需要时，应依据有关规范另行处理。

三、涂料

1. 内墙及顶棚采用的乳胶漆，市场品种较多，用户使用时可酌情选择。

2. 外墙涂料在做法中注明的"纯丙、丙烯酸"为普通标准涂料。

四、屋面

1. 坡屋面注明"平瓦"，但其他瓦材、瓦型如陶瓦、彩瓦等均可通用。

2. 坡屋面檐口（沟）处的两排瓦和屋脊两侧各一排瓦应采取固定加强措施。

3. 地震、大风地区和非地震、大风地区但屋面坡度大于50%时，全部瓦材均应采取固定加强措施。

4. 固定加强措施：用双股18号铜丝将瓦与卧瓦层中的φ6钢筋绑牢。

5. 预制混凝土屋面板应用C20细石混凝土将板缝灌填密实；当板缝宽度大于40mm以上或上窄下宽时，应在缝中放置构造钢筋，板侧缝和端缝均需进行密封处理。

建筑专业统一工程用料做法

编号	名称	内容	备注
地1	水泥砂浆地面	• 20厚1:2水泥砂浆抹面压光 • 100厚1:2:4石灰、砂、碎砖三合土 • 素土夯实	
地2	水泥砂浆地面	• 20厚1:2水泥砂浆抹面压光 • 素水泥浆结合层一遍 • 60厚C15混凝土 • 素土夯实	
地3	陶瓷地砖地面	• 8~10厚地砖铺实拍平，水泥浆擦缝 • 20厚1:4干硬性水泥砂浆 • 素水泥浆结合层一遍 • 80厚C15混凝土 • 素土夯实	
地4	大理石地面 花岗石地面	• 20厚大理石（花岗石）铺实拍平，水泥浆擦缝 • 30厚1:4干硬性水泥砂浆 • 素水泥浆结合层一遍 • 80厚C15混凝土 • 素土夯实	
地5	水泥砂浆防水地面	• 20厚1:2水泥砂浆抹面压光 • 素水泥浆结合层一遍 • 50厚C15细石混凝土防水层找坡不小于0.5%，最薄处不小于20厚 • 60厚C15混凝土 • 素土夯实	•适用于厨房、卫生间、阳台 • 细石混凝土宜掺入水泥质量3%的硅质密实剂
地6	马赛克防水地面	• 4~5厚马赛克铺实拍平，水泥浆擦缝 • 20厚1:4干硬性水泥砂浆 • 素水泥浆结合层一遍 • 50厚C15细石混凝土防水层找坡不小于0.5%，最薄处不小于20厚 • 60厚C15混凝土 • 素土夯实	•适用于卫生间 • 细石混凝土宜掺入水泥质量3%的硅质密实剂
地7	陶瓷地砖防水地面	• 8~10厚地砖铺实拍平，水泥浆擦缝 • 20厚1:4干硬性水泥砂浆 • 1.5厚聚氨酯防水涂料，四周上翻150高 • 刷基层处理剂一遍 • 15厚1:3水泥砂浆找平 • 50厚C15细石混凝土防水层找坡不小于0.5%，最薄处不小于20厚 • 60厚C15混凝土 • 素土夯实	•适用于卫生间、阳台 • 防水涂料可另选
楼1	水泥砂浆楼面	• 20厚1:2水泥砂浆抹面压光 • 素水泥浆结合层一遍 • 钢筋混凝土楼板	

×××建筑设计研究院	02	
	图别	综建施
建筑工程统一用料做法及说明	图号	2
	页次	2

编号	名称	内容	备注
楼2	陶瓷地砖楼面	• 8~10厚地砖铺实拍平，水泥浆擦缝 • 20厚1:4干硬性水泥砂浆 • 素水泥浆结合层一遍 • 钢筋混凝土楼板	
楼3	大理石、花岗石楼面	• 20厚大理石（花岗石）铺实拍平，水泥浆擦缝 • 30厚1:4干硬性水泥砂浆 • 素水泥浆结合层一遍 • 钢筋混凝土楼板	
楼4	水泥砂浆防水楼面	• 20厚1:2水泥砂浆抹面压光 • 素水泥浆结合层一遍 • 50厚C15细石混凝土防水层找坡不小于0.5%，最薄处不小于20厚 • 钢筋混凝土楼板	• 适用于卫生间、阳台 • 细石混凝土宜掺入水泥质量3%的硅质密实剂
楼5	马赛克防水楼面	• 4~5厚马赛克铺实拍平，水泥浆擦缝 • 20厚1:4干硬性水泥砂浆 • 素水泥浆结合层一遍 • 50厚C15细石混凝土防水层找坡不小于0.5%，最薄处不小于20厚 • 钢筋混凝土楼板	• 适用于卫生间 • 细石混凝土宜掺入水泥质量3%的硅质密实剂
楼6	陶瓷地砖防水地面	• 8~10厚地砖铺实拍平，水泥浆擦缝 • 20厚1:4干硬性水泥砂浆 • 1.5厚聚氨酯防水涂料，四周上翻150高 • 刷基层处理剂一遍 • 15厚1:3水泥砂浆找平 • 50厚C15细石混凝土防水层找坡不小于0.5%，最薄处不小于20厚 • 钢筋混凝土楼板	• 适用于卫生间、阳台 • 防水涂料可另选
内墙1	石灰砂浆墙面（石灰浆粉刷）	• 18厚1:3石灰砂浆 • 2厚1:0.1石灰细砂面 • 局部刮腻子、砂纸磨平 • 石灰浆两遍成活	• 石灰浆质量配合比为：块灰100：食盐5
内墙2	混合砂浆墙面（大白浆粉刷）	• 15厚1:1:6水泥石灰砂浆 • 5厚1:0.5:3水泥石灰砂浆 • 局部刮腻子、砂纸磨平 • 大白浆两遍成活	• 大白浆质量配合比为：大白粉10：建筑胶1.5
内墙3	混合砂浆墙面（乳胶漆涂料）	• 15厚1:1:6水泥石灰砂浆 • 5厚1:0.5:3水泥石灰砂浆 • 满刮腻子一遍 • 刷底漆一遍 • 乳胶漆两遍成活	
内墙4	水泥砂浆墙面（乳胶漆涂料）	• 15厚1:3水泥砂浆 • 5厚1:2水泥砂浆 • 满刮腻子一遍 • 刷底漆一遍 • 乳胶漆两遍成活	• 厨房、卫生间
内墙5	胶粉聚苯颗粒内保温墙面（乳胶漆涂料）	• 清理内墙面，满涂专用界面处理砂浆 • 30厚胶粉聚苯颗粒保温层 • 5厚抗裂砂浆复合耐碱网布 • 柔性腻子刮平 • 刷底漆一遍 • 乳胶漆两遍成活	

编号	名称	内容	备注
裙1	瓷釉涂料墙裙	• 15厚1:3水泥砂浆 • 5厚1:2水泥砂浆 • 满刮建筑胶水泥腻子，打磨平整 • 瓷釉底涂料一遍 • 瓷釉涂料两遍	• 建筑胶水泥腻子质量配合比：水泥10：建筑胶1.75：水4 • 厨房、卫生间 • 裙高1500
裙2	釉面砖墙裙	• 15厚1:3水泥砂浆 • 刷素水泥浆一遍 • 3厚1:1水泥砂浆加水重20%建筑胶镶贴 • 5厚釉面砖，白水泥浆擦缝	• 厨房、卫生间 • 裙高1500
踢脚1	水泥砂浆踢脚	• 15厚1:3水泥砂浆 • 10厚1:2水泥砂浆抹面压光	• 踢脚高120
踢脚2	陶瓷地砖踢脚	• 15厚1:3水泥砂浆 • 4厚1:1水泥砂浆加水重20%建筑胶镶贴 • 8厚地砖，水泥浆擦缝	• 踢脚高120
踢脚3	大理石、花岗石踢脚	• 15厚1:3水泥砂浆 • 5厚1:1水泥砂浆加水重20%建筑胶镶贴 • 10厚石材，水泥浆擦缝	• 踢脚高120
顶棚1	混合砂浆顶棚（大白浆粉刷）	• 钢筋混凝土底板清理干净 • 7厚1:1:4水泥石灰砂浆 • 5厚1:0.5:3水泥石灰砂浆 • 局部刮腻子、砂纸磨平 • 大白浆两遍成活	
顶棚2	混合砂浆顶棚（乳胶漆涂料）	• 钢筋混凝土底板清理干净 • 7厚1:1:4水泥石灰砂浆 • 5厚1:0.5:3水泥石灰砂浆 • 局部刮腻子、砂纸磨平 • 刷底漆一遍 • 乳胶漆两遍成活	
顶棚3	水泥砂浆顶棚（乳胶漆涂料）	• 钢筋混凝土底板清理干净 • 7厚1:3水泥砂浆 • 5厚1:2水泥砂浆 • 局部刮腻子、砂纸磨平 • 刷底漆一遍 • 乳胶漆两遍成活	• 厨房、卫生间
外墙1	清水砖外墙面	• 清水砖墙1:1水泥砂浆勾凹缝	
外墙2	涂料外墙面（外墙涂料）	• 12厚1:1:6水泥石灰砂浆 • 8厚1:1:4水泥石灰砂浆 • 喷或滚刷底涂料一遍 • 喷或滚刷涂料两遍	• 水性涂料如纯丙乳胶漆 • 溶剂性涂料如丙烯酸树脂
外墙3	面砖外墙面	• 15厚1:3水泥砂浆 • 素水泥一遍 • 5厚1:1水泥砂浆加水重20%建筑胶镶贴 • 8厚面砖1:1水泥砂浆勾缝	
外墙4	花岗石外墙面	• 30厚1:2.5水泥砂浆，分层灌缝 • 20~30厚花岗石板（背面用双股16号铜丝绑扎与墙面固定）水泥浆擦缝	• 花岗石板钻ϕ5孔，孔距300 • 墙面可采用射钉、木楔与铜丝固定

×××建筑设计研究院	建筑工程统一用料做法	图别	综建施
		图号	3
		页次	3

编号	名称	内容	备注
外墙5	胶粉聚苯颗粒外保温墙面（涂料）	• 清理外墙面，满涂专用界面处理砂浆 • 30厚胶粉聚苯颗粒保温层 • 5厚抗裂砂浆复合耐碱网布 • 弹性底涂，柔性腻子刮平 • 喷或滚刷底涂料一遍 • 喷或滚刷涂料两遍	• 水性及溶剂性涂料均可
外墙6	胶粉聚苯颗粒外保温墙面（面砖）	• 清理外墙面，满涂专用界面处理砂浆 • 30厚胶粉聚苯颗粒保温层 • 5厚抗裂砂浆铺设热镀锌钢丝网 • 黏结砂浆粘贴面砖	
平屋1	预制混凝土板上人屋面（无保温层）	• 250×250×30，C20预制混凝土板，缝宽3~5，1:1水泥砂浆填缝 • 铺25厚粗砂 • 3厚高聚物改性沥青涂料 • 刷基层处理剂一遍 • 20厚1:3水泥砂浆找平层 • 1:6水泥焦渣找2%坡，最薄处20厚 • 钢筋混凝土屋面板	• 用于晒台 • 防水涂料如：溶剂性SBS改性沥青防水涂料、水性沥青基防水涂料
平屋2	细石混凝土上人屋面（无保温层）	• 40厚C20细石防水混凝土，表面压光，混凝土内配φ4双向中距150钢筋 • 铺10厚黄沙 • 20厚1:3水泥砂浆找平层 • 1:6水泥焦渣找2%坡，最薄处20厚 • 钢筋混凝土屋面板	• 细石混凝土中掺水泥用量的13%UEA膨胀剂替换水泥用量 • 用于晒台
平屋3	预制混凝土板上人屋面（有保温层）	• 250×250×30，C20预制混凝土板，缝宽3~5，1:1水泥砂浆填缝 • 铺25厚粗砂 • 3厚高聚物改性沥青涂料 • 刷基层处理剂一遍 • 20厚1:3水泥砂浆找平层 • 干铺100厚加气混凝土砌块 • 1:8水泥加气混凝土碎渣找2%坡，最薄处为零 • 钢筋混凝土屋面板	• 用于晒台 • 防水涂料如：溶剂性SBS改性沥青防水涂料、水性沥青基防水涂料
平屋4	细石混凝土上人屋面（有保温层）	• 40厚C20细石防水混凝土，表面压光，混凝土内配φ4双向中距150钢筋 • 铺10厚黄沙 • 20厚1:3水泥砂浆找平层 • 干铺100厚加气混凝土砌块 • 1:8水泥加气混凝土碎渣坡2%，最薄处为零 • 钢筋混凝土屋面板	• 细石混凝土中掺水泥用量的13%UEA膨胀剂替换水泥用量 • 用于晒台
平屋5	不上人屋面	• 细砂保护层、铺撒均匀 • 3厚高聚物改性沥青涂料 • 基层处理剂一遍 • 20厚1:3水泥砂浆找平层 • 1:6水泥焦渣坡2%，最薄处20厚 • 钢筋混凝土屋面板	
坡屋1	砂浆卧瓦屋面	• 30厚1:3:5水泥石灰砂浆卧瓦 • 15厚1:3水泥砂浆找平 • 钢筋混凝土屋面板	
坡屋2	砂浆卧瓦屋面（无保温层）	• 平瓦 • 1:3水泥砂浆（配φ6双向中距500钢筋网），最薄处20厚 • 20厚1:3水泥砂浆找平 • 钢筋混凝土屋面板	• 用于大风、地震区
坡屋3	砂浆卧瓦屋面（有保温层）	• 平瓦 • 1:3水泥砂浆（配φ6双向中距500钢筋网），最薄处20厚 • 20厚1:3水泥砂浆找平 • 40厚聚苯乙烯泡沫塑料板 • 钢筋混凝土屋面板	• 泡沫塑料板用条粘法或点粘法与基层固定
散水1	水泥砂浆散水（一）	• 20厚1:2:5水泥砂浆抹面压光 • 100厚1:3:6石灰、砂、碎砖三合土 • 素土夯实，向外坡4%	
散水2	水泥砂浆散水（二）	• 20厚1:2:5水泥砂浆抹面压光 • 平铺黏土砖一皮 • 25厚中砂 • 150厚三七灰土 • 素土夯实向外坡4%	
坡1	混凝土坡道	• 60厚C15混凝土、面上加5厚1:1水泥砂浆捣实，木抹搓平 • 300厚三七灰土 • 素土夯实	
台1	水泥砂浆台阶	• 20厚1:2水泥砂浆抹面压光 • 黏土砖砌台阶 • 300厚三七灰土（不包括踏步三角形部分） • 素土夯实	
台2	陶瓷地砖台阶	• 8厚地砖，缝宽5，1:1水泥砂浆填缝 • 25厚1:4干硬性水泥砂浆 • 素水泥浆一遍 • 60厚C15混凝土台阶（厚度不包括踏步三角形部分） • 300厚三七灰土 • 素土夯实	
油漆1	调和漆（木质基层）	• 木基层清理、除污、打磨 • 刮腻子、磨光 • 底油一遍 • 调和漆两遍	• 木门窗、木扶手等
油漆2	磁漆（木质基层）	• 木基层清理、除污、打磨 • 刮腻子、磨光 • 底油一遍 • 磁漆两遍	• 木门窗、木扶手等
油漆3	调和漆（金属基层）	• 清理金属面除锈 • 防锈漆一遍 • 刮腻子、磨光 • 调和漆三遍	• 钢门、钢栏杆等

×××建筑设计研究院

建筑工程统一用料做法

图别	综建施
图号	4
页次	4

04

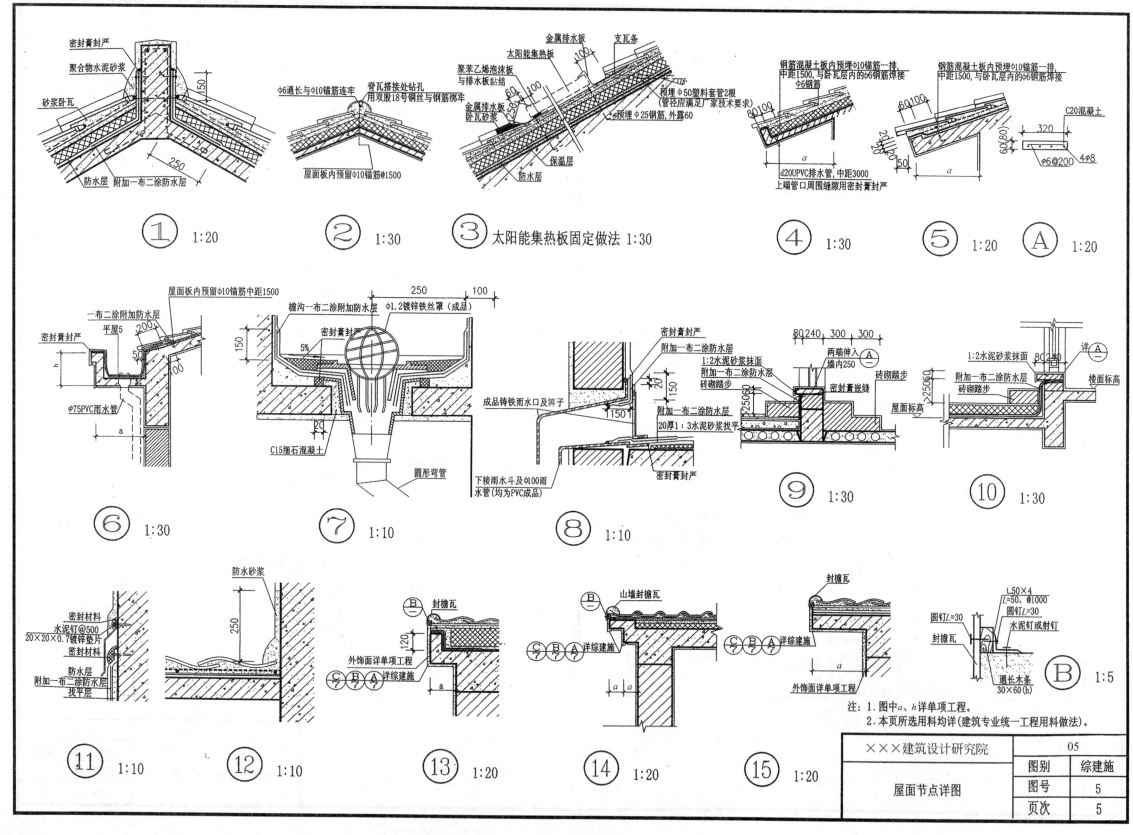

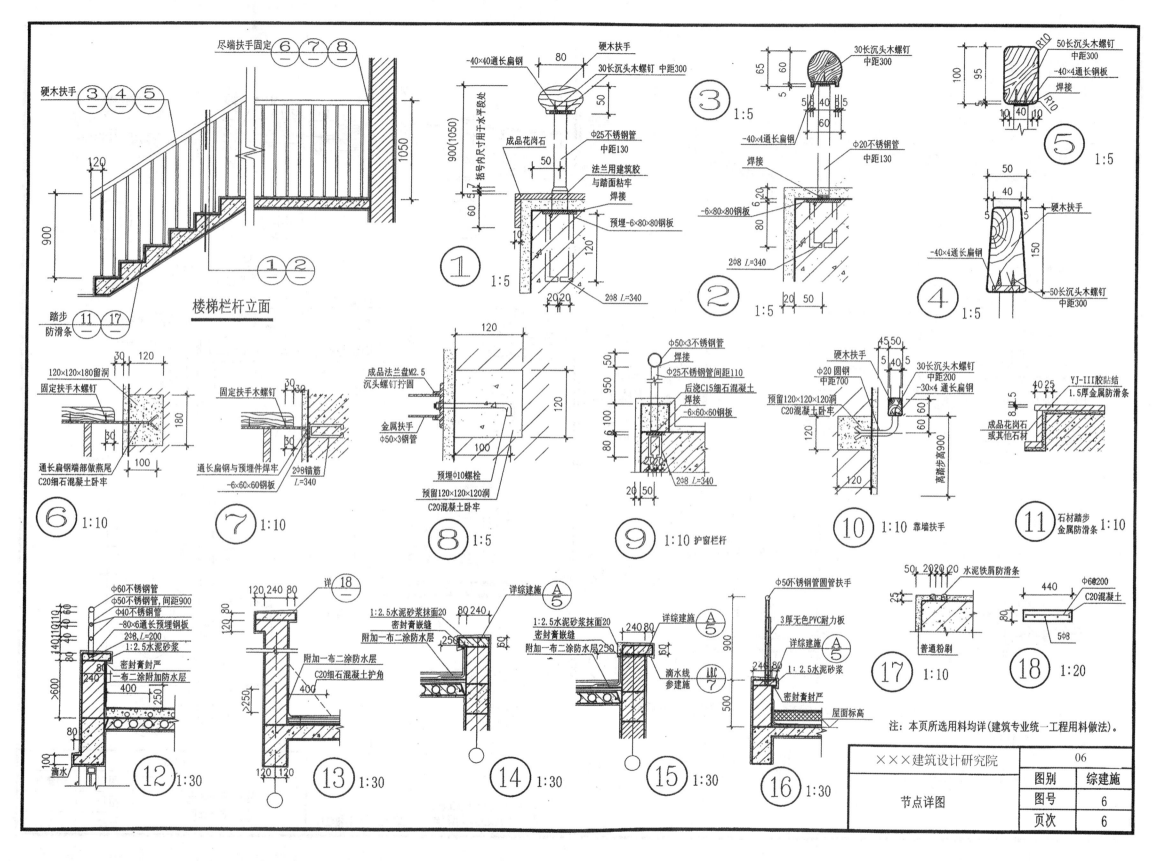

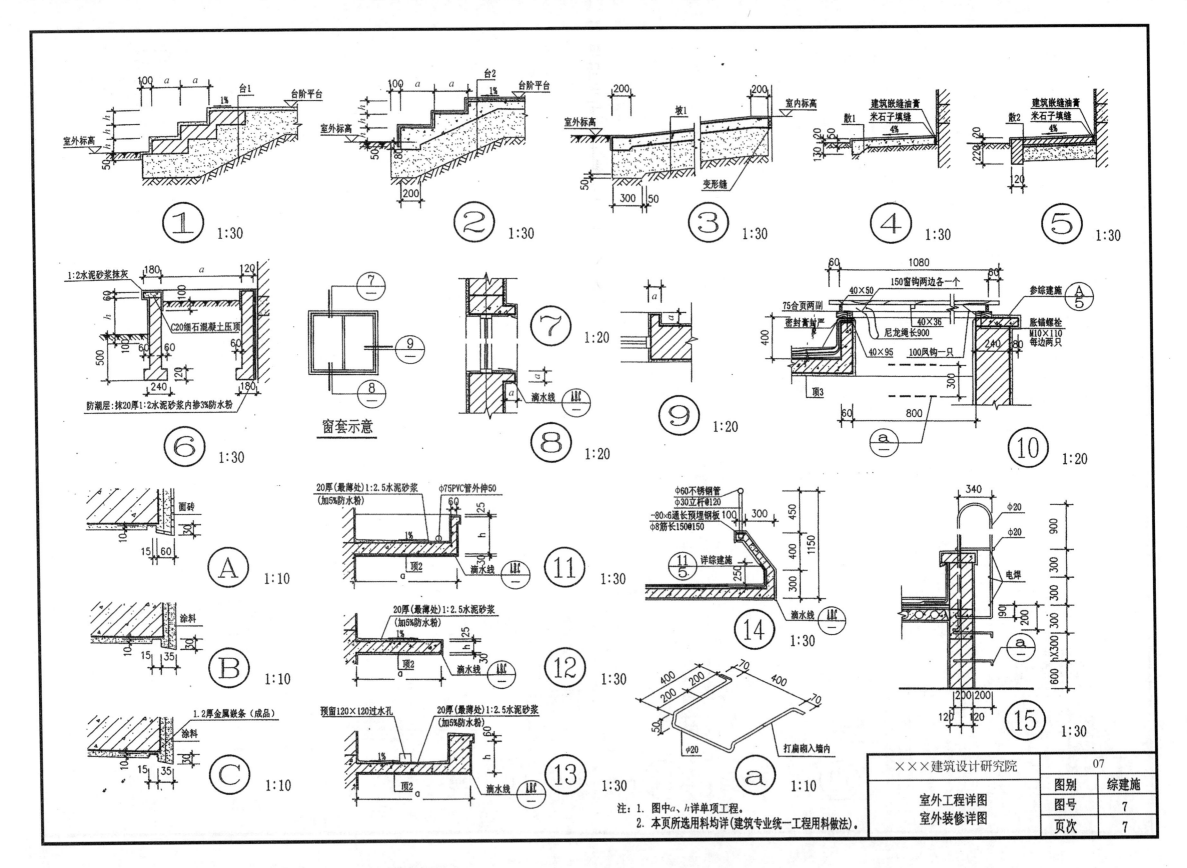

建筑设计说明

一、总建筑面积：235.5m²，建筑基底面积：100m²。

二、建筑层数为二层，局部三层，建筑高度8.35m。

三、内隔墙采用120厚多孔黏土砖墙，卫生间隔断采用铝合金推拉门。

四、屋面
1. 屋1：平屋面做法详见(建筑专业统一工程用料做法)-平屋3。
2. 屋2：坡屋面做法详见(建筑专业统一工程用料做法)-坡屋2。
3. 屋3：平屋面做法详见(建筑专业统一工程用料做法)-平屋5。
4. 顶1：平屋面做法详见(建筑专业统一工程用料做法)-顶2。
5. ⑪~ⓕ间的坡屋面全部瓦材均采取固定措施详(建筑专业统一工程用料做法说明)。

五、门窗及油漆
1. 门窗：所有外门及外窗均立樘墙中，户内平开门和推拉门立樘内平，门窗在制作时应以实测尺寸为准，并需复核门窗数量。外窗采用墨绿色塑料门窗，5厚无色透明浮法玻璃，塑料窗樘的固定连接及防排水构造措施应满足有关规范要求，开启方式大部分为推拉，小部分为平开，所有可开启窗扇均设纱窗。
2. 油漆：所有外露铁件均应除锈后刷防锈漆一道，楼梯栏杆刷棕色调和漆做法详见(建筑专业统一工程用料做法)-油漆3，木扶手、户内门及其它木装修刷本色清漆，做法见(建筑专业统一工程用料做法)-油漆1。

六、室内外装修
1. 外墙以清水砖墙面为主，做法详见(建筑专业统一工程用料做法)-外墙1，其他详立面图。
2. 散水宽度为900，台阶、散水做法分别详见《建筑专业统一工程用料做法表》-台阶2、散水1。
3. 内装修详室内装修做法表。

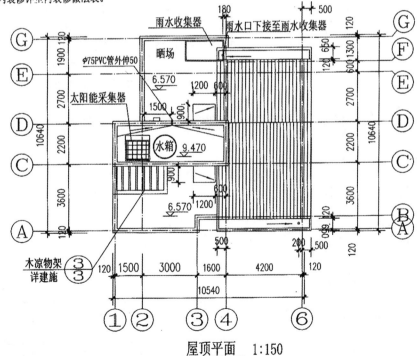

屋顶平面 1:150

门窗表

类别	门窗编号	洞口尺寸 宽×高	樘数	备注
铝合金推拉窗	C-1	1800×1500	2	
铝合金推拉窗	C-2	2100×1500	2	
铝合金推拉窗	C-3	1500×1500	3	
铝合金推拉窗	C-4	1200×1500	1	
铝合金推拉窗	C-5	800×1500	6	
铝合金推拉窗	C-6	900×1500	4	
铝合金上悬窗	C-7	350×350	2	
平开夹板门	M-1	1200×2100	1	成品子母门(建施15)
平开夹板门	M-2	1000×2100	4	成品门
平开夹板门	M-3	900×2100	2	成品门
平开夹板门	M-4	800×2100	4	成品门
平开夹板门	M-5	700×2100	2	成品门
平开夹板门	M-6	700×1950	1	成品门

室内装修做法表

部位 房间	楼、地面	踢脚板	墙裙	内墙面	顶棚	备注
客厅	地4	踢3	裙1	内墙4	顶3	
卧室	地4、楼3	踢3	裙1	内墙4	顶3	
厨房	地6	/	/	内墙4	顶3	
卫生间	地7、楼6	/	裙2	内墙4	顶3	
楼梯间	地4、楼3	踢3	/	内墙4	顶3	
餐厅	地4	踢3	裙1	内墙4	顶3	
阁楼	楼1	踢3	裙1	内墙2	顶3	
内廊	地4、楼3	踢3	裙1	内墙4	顶3	

注：本表内用料做法均选自(建筑专业统一工程用料做法)。

×××建筑设计研究院

图别	建施
建筑设计说明	图号 1
	页次

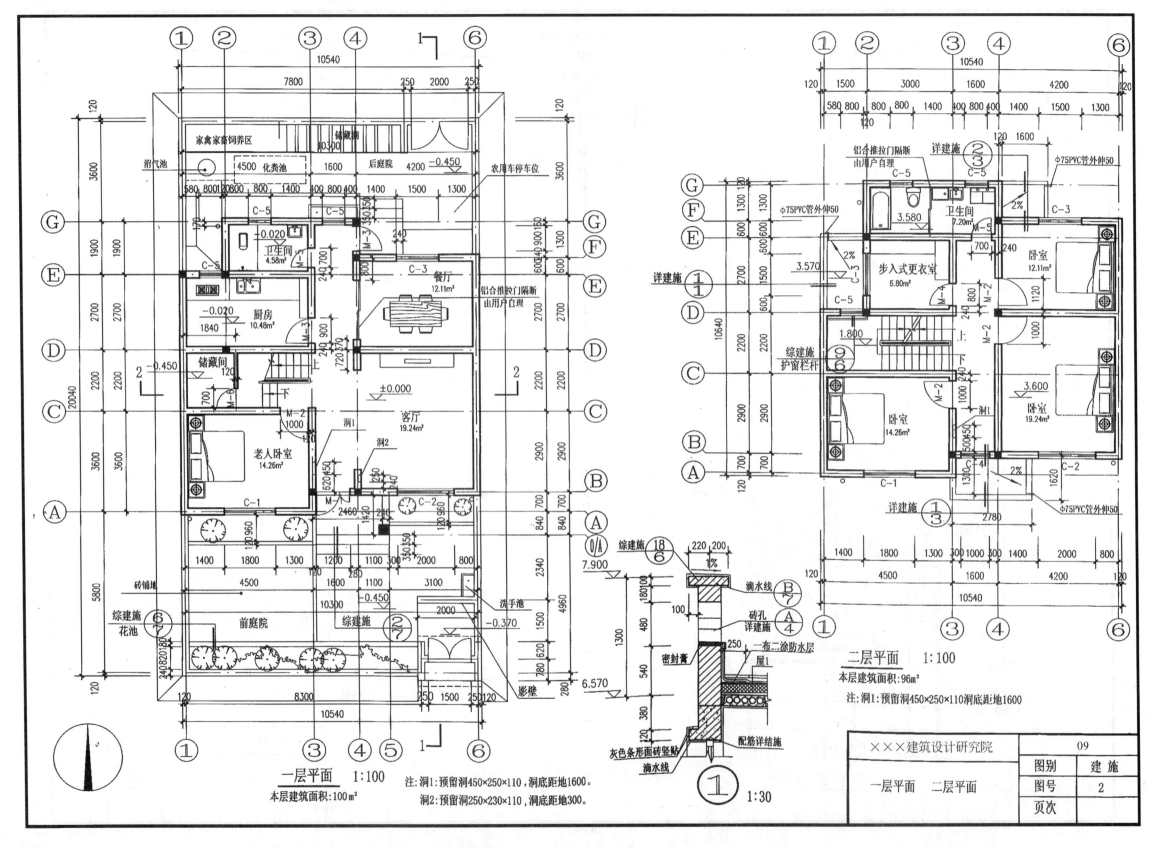

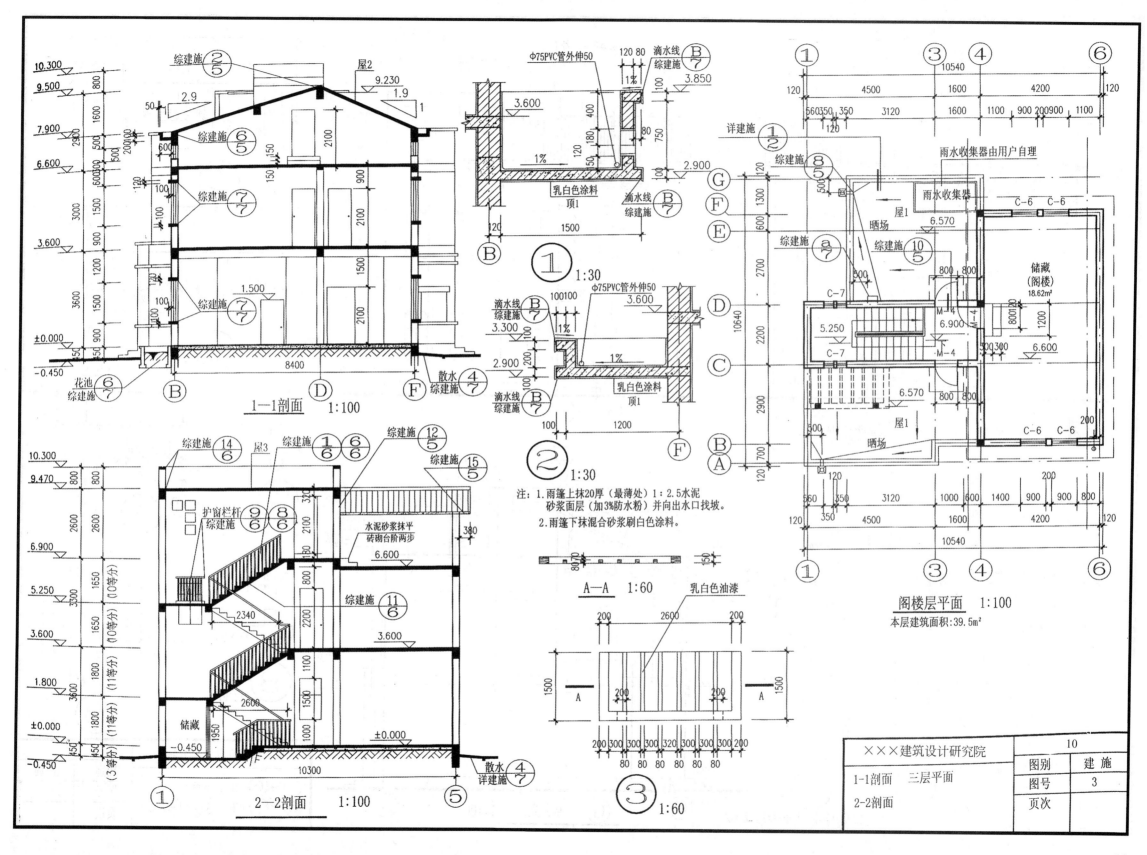

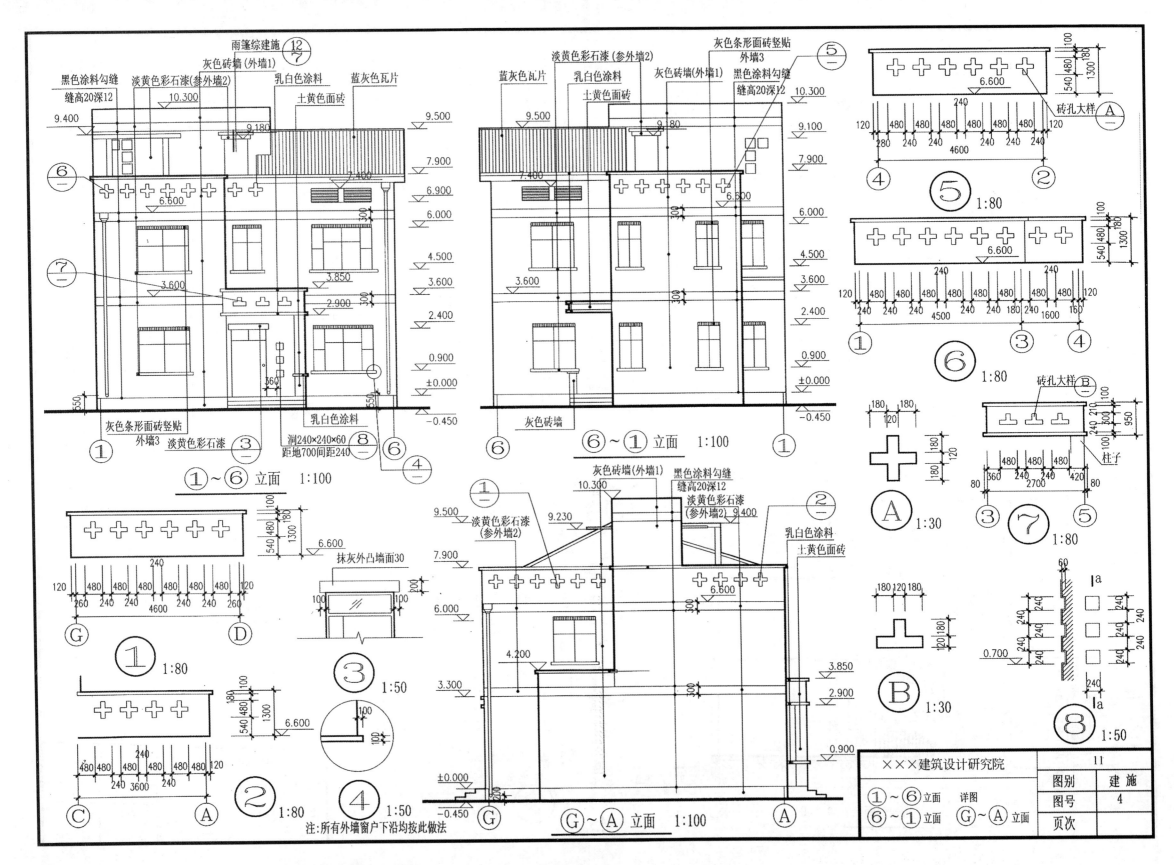

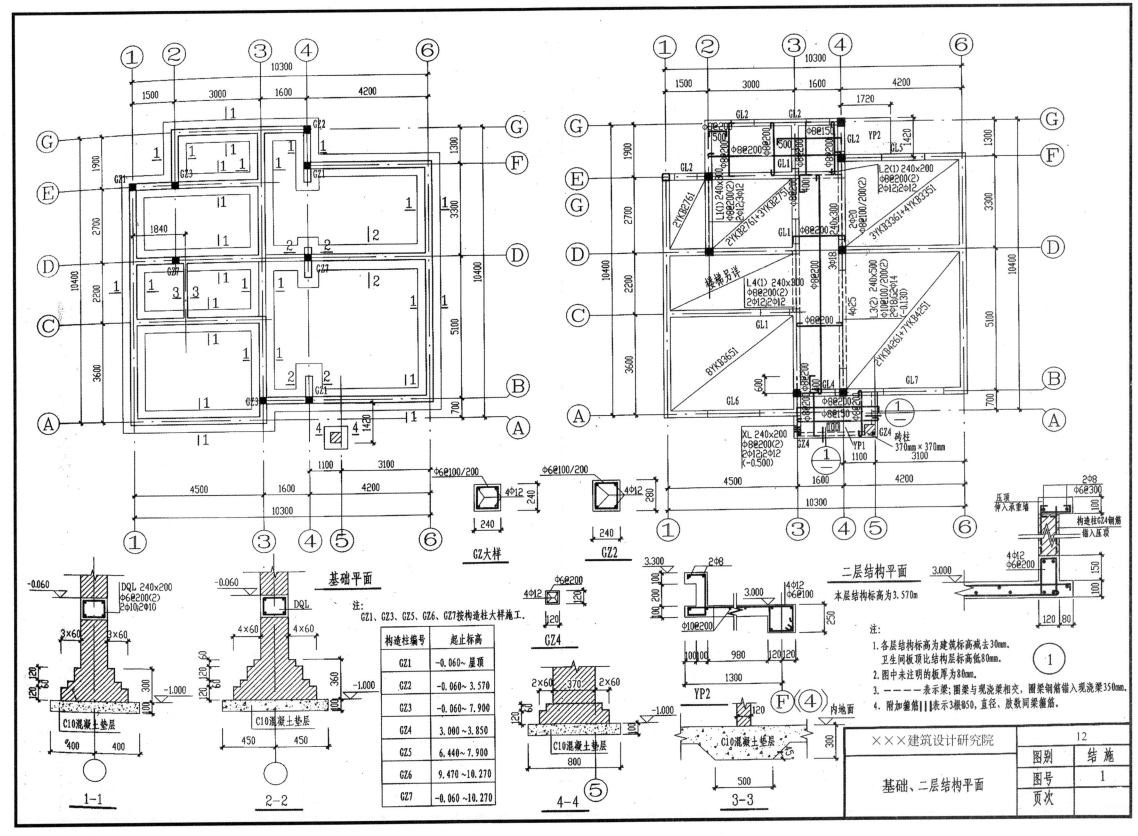

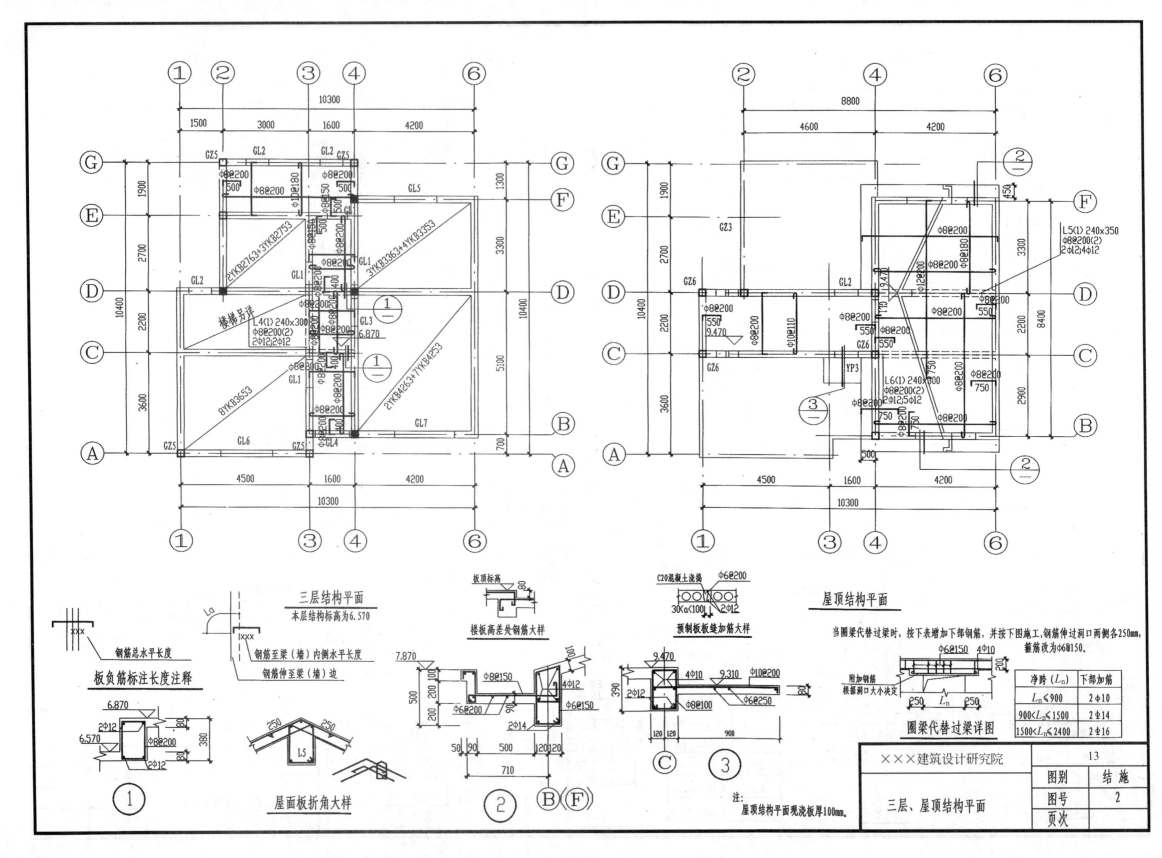

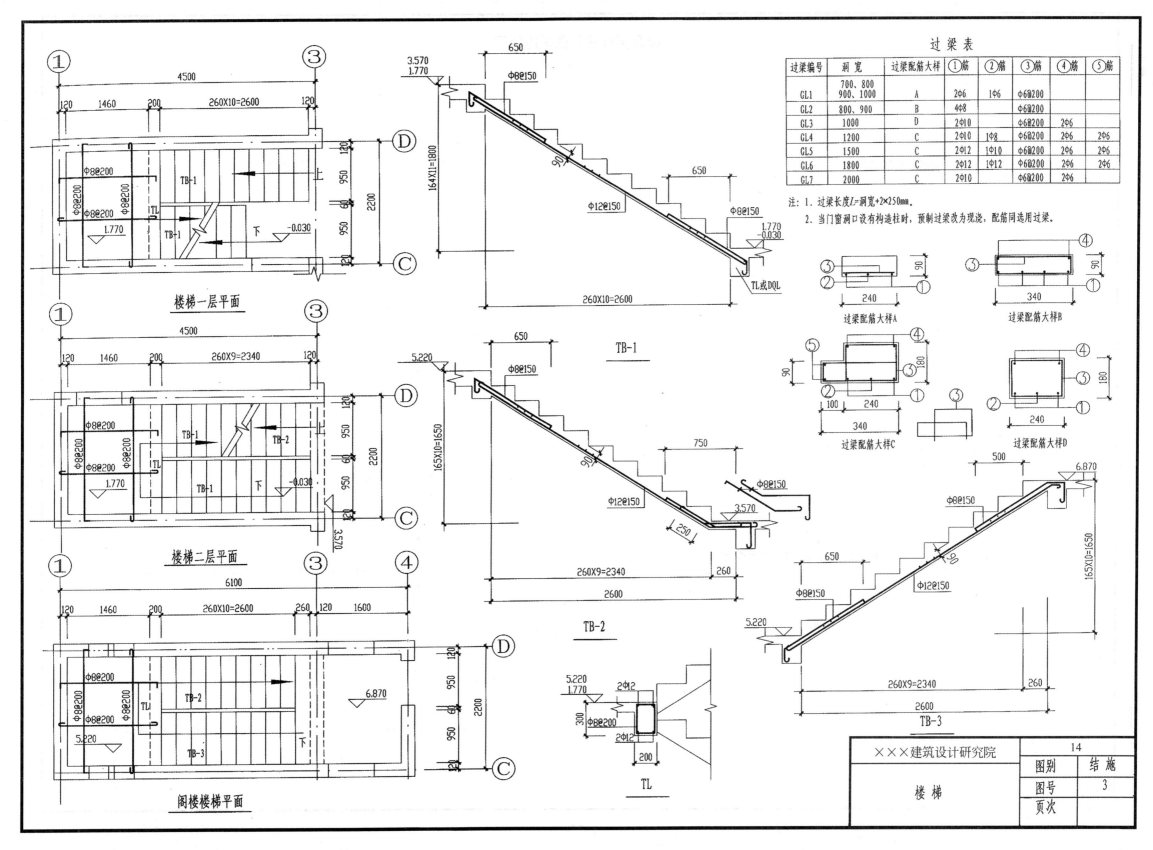

综合实训施工图识图练习

1. 本图纸房屋的朝向是什么？

2. 一层平面图中厨房的开间和进深分别为多少？

3. 指北针的大小为多少？

4. 本院子的总长和总宽为多少？

5. 一层平面图中储藏间的门M-6的宽和高分别为多少？

6. 一层平面图中轴线编号 ⓪/Ⓐ 的标注按照标准对吗？若不对应该怎样改？

7. 该房屋散水的宽度为多少？

8. 一层平面图中卫生间比客厅楼地面标高低了多少？

9. 本图纸房屋的室内、外高差为多少？

10. 本图纸房屋一层有几种窗户？分别为什么？

11. 本图纸院子花池与院墙的防潮做法是什么？

12. 本图纸房屋大门口台阶的踏面宽度为多少？

13. 厨房楼上的房间是什么房间？

14. 二层平面图中护窗栏杆的剖切索引符号的投影方向为什么方向？

15. 二层平面图中的楼梯间的投影中有几个楼梯段？

16. 二层平面图中大门口处的雨篷的坡度和详图一致吗？若一致，为多少？若不一致，分别为多少？

17. 本图纸房屋一层上二层楼梯中间平台的标高为多少？

18. 本图纸房屋一层层高为多少？

19. 二层的卫生间地面标高为多少？

20. 请说明二层平面图中护窗栏杆的材料做法。

21. 本图纸建筑的总建筑面积为多少？

22. 本图纸房屋内隔墙采用的做法？

23. 本图纸房屋有几层？

24. 在1—1剖面图中，⟋²·⁹ 的含义？

25. 本图纸房屋二层层高为多少？

26. 请说明房屋散水的构造做法。

27. 请说明在1—1剖面图中一层左边看到的门的名称、高度和宽度。

28. 在建施3中，①②详图中滴水宽度和深度分别为多少？

29. 本图纸房屋楼梯的踏面宽度、梯面高度各为多少？

30. 在2—2剖面图中，一层标注高度为1500mm的窗户的名称是什么？宽度为多少？

31. 请说明一层平面图中2—2剖切位置的投影方向。

32. 在2—2剖面图中，⑤轴线的编号对吗？若不对应为几号轴线？

33. 请说明本图纸房屋楼梯踏面面层的材料。

34. 本图纸房屋楼梯扶手的材料是什么？宽度为多少？

35. 本图纸房屋楼梯栏杆的高度和水平栏杆高度分别为多少？

36. 请说明该房屋楼梯的防护措施。

37. 请说明该房屋坡屋面的面层材料。

38. 请说明该房屋外墙分格缝的颜色、缝宽、缝深。

39. 请说明该房屋厨房地面的面层材料。

40. 请说明该房屋顶棚的名称。

41. 请说明该房屋的踢脚材料。

42. 请将该房屋①～⑥立面改为朝向命名。

43. 该房屋的基础形式是什么？

44. 二层结构平面图中YP2代表什么？

45. 二层结构平面图中的GL2代表什么？

46. 该房屋基础垫层厚度为多少？

47. 基础1—1断面图中 $\begin{array}{l} \text{DQL 240×200} \\ \Phi 6@200(2) \\ 2\Phi 10;2\Phi 10 \end{array}$ 的含义？

48. 在基础断面图中圈梁顶部的标高为多少？

49. 该房屋的基础有几种不同的断面?

50. 三层结构平面图中 8YKB3653 的含义?

51. 该房屋二层的结构标高为多少?

52. 该房屋未注明的板厚为多少?

53. 在三层结构平面中 $\begin{array}{l}4(1)240\times300\\ \phi8@200(2)\\ 2\phi12;2\phi12\end{array}$ 的含义?

54. 该房屋GL5的洞口宽度为多少?

55. 该房屋GL6的长度为多少?

56. 该房屋屋顶结构平面现浇板的板厚为多少?

57. 该房屋构造柱的箍筋直径和间距分别为多少?

58. 该房屋①号轴线的基槽宽度为多少?

59. 该房屋屋顶结构平面④号轴线上 $\frac{\phi8@200}{750}$ 中"750"代表的含义?

60. 建筑施工图上一般注明的标高是什么?

61. 楼梯详图有哪些?

62. 该建筑按照建筑层数和高度的划分属于什么建筑?

63. 施工图中用来说明方向的图符有哪些?